现代电网应用技术丛书

继电保护状态检修应用技术

高　翔　编著

内 容 提 要

本书共分九章，包括：绪论，设备状态检修概述，电气二次设备的状态检修，继电保护状态检修必要性和可行性、实现技术、典型方案、应用实例、实施意义，以及数字化变电站技术对于状态检修的影响。

本书可供继电保护运行、检修、管理人员参考阅读。

图书在版编目（CIP）数据

继电保护状态检修应用技术／高翔编著. —北京：中国电力出版社，2008

ISBN 978-7-5083-7060-6

Ⅰ. 继… Ⅱ. 高… Ⅲ. 继电保护装置-检修 Ⅳ. TM774

中国版本图书馆 CIP 数据核字（2008）第 060983 号

中国电力出版社出版、发行

（北京三里河路 6 号 100044 http：//www.cepp.com.cn）

北京市同江印刷厂印刷

各地新华书店经售

*

2008 年 6 月第一版 2008 年 6 月北京第一次印刷

710 毫米×980 毫米 16 开本 12.25 印张 152 千字

印数 0001—3000 册 定价 **35.00** 元

前　言

20 世纪 90 年代以来状态检修技术已逐步在电力系统中得到重视，并在发电厂、一次设备的状态评估方面得到了具体应用。2007 年国家电网公司组织开展输变电站设备的状态检修工作，形成了《输变电设备状态检修验收细则》、状态检修管理规定、试验规程、评价导则、风险评估导则、全寿命管理指导意见等一系列文件，这将实质性地推进设备状态检修工作的具体实施。同时，将意味着一次设备检修管理体制将逐步实现计划检修向状态检修的转化，设备检修管理体制将更具科学化、规范化。

随着电网规模、电网运行技术的快速发展，未来电网安全运行基础将更多地取决于二次控制系统的安全性、稳定性。因此，在一次设备状态检修技术推进的基础上研究二次控制系统状态检修技术，尤其是“电网静静的哨兵”继电保护系统的状态检修技术将具有十分重要的现实意义。

作为电网安全运行基础的二次控制系统基于微电子、计算机技术的突飞猛进，在数字化技术的应用方面得到了迅速发展。继电保护数字化技术应用经过十几年发展，所体现的各种技术特点和优势已得到充分的应证。数字化装置的“自检”能力为状态检修技术的实现提供了很好的基础，由于保护系统除装置本身外还包含交、直流电源系统、二次控制回路系统等其他环节，因此，研究继电保护的状态检修技术必须确保所研究的范畴具备继电保护系统运行环节的完整性。

笔者作为一名电网运行单位的继电保护专业工作者，自 20 世纪 80 年代中期参加工作以来，目睹了整流型、晶体管、集成电路、微机型、数字化保护的技术发展历程，期间也深刻体会到不同技术实现的保护在运行管理、技术分析、事故处理方面的巨大差异。继电保护的状态检修是实现继电保护运行检修从“必然王国”到“自由王国”跨越的基础。尤其近年来电网规模的快速发展，保护装置数量急剧增加，根据国家电网调度通信中心、南方电网公司、中国电力科学研究院 2006 年 10 月出版的《2005 年度全国继电保护与安全自动装置运行统计情况分析》报告，2005 年底全国范围 220kV 及以上系统微机保护共有 47481 套，占整个保护装置套数的 81.25%，包含线路、变压器、发电机保护。110kV 以下电网的保护套数初步估算不少于 220kV 以上系统的 8 ~ 10 倍，同时，每年考虑 10% ~20% 的增量。依据 DL/T 995—2006《继电保护和电网安全自动装置检验规程》的规定，微机保护部分检验周期 2 ~ 3 年，全部检验周期 6 年，保护检验工作量是极其惊人的。因此，如何有效地实现保护检修技术已经成为一个确保电网安全的“刻不容缓”的问题。

本书阐述了设备检修体制的演变，状态检修技术的基本思想，描述了电气设备检修实现技术，及二次设备状态检修的目标和基本实现技术，分析了继电保护状态检修的必要性和可行性，继电保护状态检修实现技术，典型方案及具体应用案例。同时，分析了继电保护状态检修的实现意义，及数字化变电站技术对于继电保护状态检修技术实现的影响。

鉴于继电保护状态检修的实施尚处于探索阶段，期间将有不少技术、管理方面的问题需要解决，书稿中的观点、结论难免有不当之处。仅借此书稿与继电保护同仁商榷，并希冀在继电保护运行检修技术的进步中尽微薄之力。感谢本书编写过程中刘韶俊、朱炳铨所提供的应用案例，对于本书中的错误及立论不当之处，恳请同行不吝赐教。

作　者

2008 年 3 月 12 日

目 录

前言
第一章　绪论 …… (1)
1.1　设备检修体制的演变 …… (1)
1.2　传统检修模式存在的弊端 …… (3)
1.3　状态检修技术的基本特点 …… (5)
1.4　小结 …… (9)
第二章　设备状态检修概述 …… (10)
2.1　状态检修的基本原理 …… (10)
2.1.1　状态检修的基本思想 …… (10)
2.1.2　状态检修的基本模型 …… (11)
2.1.3　状态检修主要技术支持 …… (16)
2.2　电气设备状态检修的基本应用 …… (19)
2.2.1　变压器状态监测 …… (20)
2.2.2　断路器的状态监测 …… (22)
2.2.3　容性设备的状态监测 …… (23)
2.2.4　GIS 的状态监测 …… (24)
2.3　电气二次设备状态检修的关键 …… (26)
2.4　小结 …… (28)
第三章　电气二次设备的状态检修 …… (30)
3.1　电气二次设备状态检修的目标 …… (30)
3.2　电气二次设备状态检修的主要技术 …… (32)
3.2.1　二次设备状态检修的主要方法 …… (32)
3.2.2　实施二次设备状态检修的关键 …… (34)
3.3　继电保护状态检修的预期效果 …… (38)
3.3.1　保护隐性故障分析 …… (39)

3.3.2 继电保护状态检修的预期目标 …………………………………… (43)
3.4 小结 ………………………………………………………………… (45)
第四章 继电保护状态检修必要性和可行性 ………………………… (46)
4.1 继电保护状态检修的必要性分析 ………………………………… (46)
4.1.1 电网快速发展基本情况 ………………………………………… (46)
4.1.2 电力设备可靠性指标的要求 …………………………………… (48)
4.1.3 微机保护本身的技术特点 ……………………………………… (49)
4.1.4 计划检修管理体制的主要问题 ………………………………… (51)
4.2 继电保护状态检修的可行性分析 ………………………………… (52)
4.2.1 保护自检功能的实现 …………………………………………… (52)
4.2.2 保护二次回路分析 ……………………………………………… (52)
4.2.3 断路器状态及TA、TV监视 ……………………………………… (54)
4.3 保护状态检修实施的必要前提 …………………………………… (57)
4.3.1 需解决的关键问题 ……………………………………………… (57)
4.3.2 保护状态检修的技术路线 ……………………………………… (60)
4.3.3 建立保护状态检修的评估体系 ………………………………… (60)
4.4 小结 ………………………………………………………………… (63)
第五章 继电保护状态检修实现技术 ………………………………… (64)
5.1 保护状态检修方案的针对性和适应性 …………………………… (64)
5.2 保护状态监视系统结构和功能组成 ……………………………… (67)
5.3 基于状态检修技术的保护预警系统 ……………………………… (73)
5.4 小结 ………………………………………………………………… (80)
第六章 继电保护状态检修典型方案 ………………………………… (81)
6.1 保护监测系统RSS描述 …………………………………………… (81)
6.2 采用智能操作箱技术简化二次回路 ……………………………… (83)
6.3 在传统试验方法中增加关键接点监测 …………………………… (85)
6.4 小结 ………………………………………………………………… (86)
第七章 继电保护状态检修应用实例 ………………………………… (87)
7.1 通化钢铁公司应用案例 …………………………………………… (87)

7.2 西宁钢厂应用案例 …… (89)
7.3 外陈（宣家）变应用案例 …… (93)
7.4 小结 …… (100)
第八章 继电保护状态检修实施意义 …… (101)
8.1 安全性分析 …… (101)
8.2 可靠性分析 …… (103)
8.2.1 可靠性分析基本方法 …… (104)
8.2.2 基于可靠性的状态检修的评价指标 …… (113)
8.2.3 基于可靠性的状态检修系统研究 …… (114)
8.3 经济性分析 …… (120)
8.3.1 状态检修的经济性分析 …… (120)
8.3.2 联系经济效益的可靠性评价方法 …… (121)
8.3.3 继电保护可靠性指标的计算方法 …… (123)
8.4 小结 …… (126)
第九章 数字化变电站技术对于状态检修的影响 …… (127)
9.1 数字化变电站概述 …… (127)
9.1.1 数字化变电站技术背景 …… (127)
9.1.2 数字化变电站主要技术特征 …… (130)
9.1.3 数字化变电站自动化系统架构 …… (140)
9.2 数字化变电站电气二次设备的状态检修方案 …… (154)
9.2.1 数字化变电站技术对于二次系统的影响 …… (154)
9.2.2 IEC61850 标准 GOOSE 介绍 …… (161)
9.2.3 数字化变电站保护状态检修的实现 …… (163)
9.3 全寿命周期成本（LCC）概念 …… (164)
9.3.1 全寿命周期成本分析概述 …… (164)
9.3.2 全寿命周期成本管理的历史沿革 …… (166)
9.4 状态检修对于全寿命周期成本分析的意义 …… (179)
9.5 小结 …… (184)
参考文献 …… (185)

第一章 绪 论

1.1 设备检修体制的演变

设备检修就是指为保持或恢复设备的期望功能所进行的技术作业行为，通常包括检查、维护、修理、更新四项任务，其中检查是为了确定和评估设备的实际状态，维护是为了保持设备的期望状态，修理是为了恢复设备的期望状态，更新是更换无法达到期望状态的设备（或部件）。

传统设备检修体制的演变经历了两个阶段：事后检修/故障检修（18 世纪第一次产业革命）和预防性检修（19 世纪二次产业革命）。

事后检修 BM（Break Maintenance），也称故障检修 CM（Corrective Maintenance），是最早的检修方式。这种检修方式以设备出现功能性故障为判据，在设备发生故障且无法继续运转时才进行维修。显然，这种应急维修属于“被动”维修，明显存在维修不足，其直接后果是不利于设备的正常运行，设备缺乏正常检验维修所支付的代价就是设备的安全性“失控”，会严重威胁着设备或人身安全。

预防性检修 PM（Prevention Maintenance），预防性检修经过多

年的发展，根据检修技术条件、目标的不同，出现以下 5 种典型的检修方式。

（1）定期检修 TBM（Time Based Maintenance）。

定期检修在保证设备正常工作中确实起到了直接防止或延迟故障的作用，但这种不根据设备的实际状况，单纯按规定的时间间隔对设备进行维修，不可避免会产生“过剩维修”，不但造成设备有效利用时间的损失和人力、物力、财力的浪费，甚至会引发维修故障。

（2）以可靠性为中心的检修 RCM（Reliabilty Centered Maintenance）。

这种检修方式能比较合理地安排检修间隔，有效预防严重故障的发生，以最低的费用来实现机械设备固有可靠性水平。

（3）故障查找 FF（Fault Find）。

这种维修方式主要针对紧急备用设备，在固定的时间启动这些设备，发现问题及时解决，以提高设备的可用率。

（4）使用至损坏再修 RTF（Run To Fault）。

采用该方法进行修理的设备不控制送修，通常用于对安全无直接危害的三类故障：① 偶然故障；② 无规律性故障；③ 故障损失小于维修费用的耗损故障。

（5）主动维修 PM（Proactive Maintenance）。

这种检修模式从经济、寿命等多种因素考虑，重点对机械故障的识别、消除和故障原因的分析，通过延长设备寿命来获得最大的效益。

1970 年美国杜邦公司首先提出了状态检修的概念，状态检修 CBM（Condition Based Maintenance）也称之为预知性维修 PDM（Predictive Diagnostic Maintenance），其基本思想是：“在普遍掌握设备状况的基础上，确定极少数状况不好的设备实施检修”。状态检修是以设备的状态响应为基础，通过对设备的连续性观测并综合其他因素，设别设备已有的或正在发生的或潜在的设备性能劣化现象，对设备状态作出合理的评估，确定设备最佳检修时机。

状态检修必须建立在对设备状态进行有效监测的基础上，根据监测和分析诊断的结果安排检修时间和项目，主要包含：① 设备状态监测；② 设备诊断；③ 检修决策三个环节。状态监测是状态检修的基础，状态监测是设备诊断的依据，检修决策就是结合在线监测与诊断的情况，综合设备和系统的技术应用要求确定具体的检修计划或策略。

状态检修的目标是减少设备停运时间，提高设备可靠性和可用系数，延长设备寿命，降低运行检修费用，改善设备运行性能，提高经济效益。这种维修方式以设备当前的实际工作状况为依据，通过高科技状态检测手段，识别故障的早期征兆，对故障部位、故障严重程度及发展趋势作出判断，从而确定设备的最佳维修时机。状态检修是当前技术最先进、耗费最低的维修制度，为设备安全、稳定、长周期、全性能、优质运行提供了可靠的技术和管理保障。状态检修需要监测的内容多，需要增加额外的设备投资。

在状态检修技术的基础上出现了以设备寿命评估为基础的检修，即根据状态检修系统所收集的设备基本信息，分析估计设备寿命，再确定检修项目、频度与检修内容。

1.2 传统检修模式存在的弊端

长期以来检修体制主要实行的是以事后维修、预防性检修为主的计划检修体制。这种检修体制一般采取定期维护形式，检修项目、工期安排和检修周期均由管理部门根据相应的规程或经验确定。设备运行到了规定的检修周期，不论设备处于什么样的运行工况，也不论设备供应商的差异、设计材质的优劣、工艺质量的好坏、运行方式的区别、有无影响安全运行的缺陷等，都必须一律

“到期必修”。“到期必修”的依据是设备检修周期，从保证设备安全运行的角度来看，计划检修似乎不会出现大的问题，但从综合管理的角度看却不尽合理，主要表现在“到期必修”上。所谓“到期必修”，就是到期必须要按固定模式检修，并非根据设备的实际状况确定，因此，从维护设备正常运行的视角看，定期检修有利于消除检修设备的隐含故障或缺陷，但对于运行状况良好的设备并不能有效地提高设备运行率；同时，会造成检修单位人力、物力的浪费，有时还会把好的设备修坏，变成“劳而无功，劳而有过”。这种检修模式使设备运行维护单位对于设备检修没有自主权，不能根据设备实际状况决定检修项目。

一、事后检修存在的主要弊端

1）事后检修是一种被动工作模式，有很大的不可预见性，任何一起事故的发生都会给日常生产、生活带来不便，造成较大经济损失和不利的社会影响。

2）事后检修具有“抢险”性质，时间紧、任务重，抢修人员为了赶时间，经常会简化操作程序，难免会忙中出错，多年来事后检修中发生的人身伤亡事故和其他各类事故是屡见不鲜的。

3）事后检修属于“亡羊补牢”，为了使事故在尽量短的时间内处理完，就必须预先准备较多的原材料和备品备件，造成库存增加和资金利用率下降，从而增加检修费用。

4）事后检修常常是就事论事，就发生的事故进行紧急处理，往往没有太充分的时间分析原因、查找根源，“按下葫芦又起瓢”的事在所难免，难以杜绝同类事故的发生。

二、定期检修的主要弊端

1）随着电网的发展，设备在剧增，使定期检修必须有大量的人力和物力投入，定期检修实际上具有一定程度上的“盲目性”，使定期检修性价比不可能太高，从而相对降低了劳动生产率。

2）定期检修必然导致部分运行状态较好的设备周期性停运，

使电网承受更大的运行压力。因检修所引起的停送电操作，客观上增加了误操作的几率。

3）定期检修导致一定时间内检修工作量骤增，按照设备检修规程要求去落实每项要求，将使设备所需停电时间远远大于电网调度所能安排的停电时间，此矛盾造成很多检修内容难以落实，影响检修质量。

4）不良现场检修条件和落后的检修工艺导致设备损坏的概率加大，增加了检修过程中产生新的设备隐患的可能。

综上所述，作为电网安全运行的重要支撑检修管理体制传统已经越来越不适应现代电网快速发展的要求，需要探索新的设备检修技术，以适应电网日新月异的发展变化。

1.3 状态检修技术的基本特点

国外的设备状态检修开展较早，20 世纪 70 年代末，美国电力科学研究院 EPRI 对电气二次设备的状态检修进行研究和应用。日本从 20 世纪 80 年代开始对电气二次设备实施状态分析和在线检测为基础的状态检测。欧洲大多数国家也正在进行检修体制的改革，方向也是状态检修。到目前为止，基于计算机网络技术的设备管理、事故分析和预警系统在美国、加拿大等国已普遍应用，如 Intergrated Maintenance System 等。这些软件系统应用 Intranet、Internet 及地理信息系统 GIS 等最新的计算机技术，将状态管理、事故预警和事故处理进行有机的集成，大大改善了其设备监督管理环境，提高了监督管理水平。

工业发达国家电力公司的预防性试验工作，从整体上来看试验项目较少，试验周期较长，有时甚至对某些设备不做试验。其主要原因是在于发达国家电力设备产品质量较好，运行维护水平较高，这就要求对新增设备或技术改造从选型、监造、安装、调试方面把好质量关，不能依赖预防性试验来发现隐患或事故暴露缺陷。同时，抓好运行维护工作，通过常规巡检或离线探察掌握设备的状态。

状态检修作为一种先进的检修体制是与多方面的管理工作分不开的，世界各国从不同的管理目标出发，形成了不同的管理系统。芬兰的IVO（Imatran Voima Oy Finland）输电服务公司开发的变电站检修管理系统（SOFIA），建立在对一座变电站的长期检修计划的基础上，从寿命周期费用LCC（Life Cycle Cost）着手，使用设备的劣化模型的数学形式（状态模型）来估计设备将来的状态。SOFIA 在考虑预算及其设备状态的情况下，通过检修费用的优选，降低总费用。荷兰 B. V. KEMA 与荷兰 Delft 技术大学在考虑市场情况及技术条件的前提下，研制了一种包括状态检修在内的多种策略均衡应用的检修管理系统，其特点在于引入了诊断专家系统，使可靠性和安全性达到可按受的水平。德国提出将工人或供货商的管理层所有功能融为一体，以减少中间环节的瘦型管理。此管理方法在德国的 Weisweiller 电厂检修管理中得到运用，使该厂48%的工作任务流程得到优化效果明显。

为推进我国设备状态检修工作的开展，国务院于 1987 年颁发了《关于全民所有制工业交通企业设备管理条例》，指出：“企业应当积极采用先进的设备管理方法和维修技术，采用以设备状态监测为基础的设备维修方法，不断提高设备管理和维修技术现代化水平”，继而国务院经贸办又在 1992 年的《“八五”后三年工交企业设备管理工作要点》中明确指出：“要继续破除单纯以时间为基础的设备维护制度，建立以状态监测为基础的设备维修制度”。原水利电力部颁发的 SD 230—87《发电厂检修规程》也增补说明：“应用诊断技术，进行预知维修是设备检修的发展方向”。这些文件精神为变电站、电厂检修制度的改革提供了政策依据，符合电力企业“安全为基础，效益为中心”的原则，并为生产技术管理人员更新知识，探索先进、科技的检修制度和管理方式指明了方向。2001 年国家电力公司颁发《火力发电厂实施设备状态检修的指导意见》中指出：“设备状态检修是一种先进的检修管理方式，能有效地克服定期检修造成设备过修或失修的问题，提高设备的安全性和可用性，在发供电企业实施设备状态检修是企业实现管理现代化、提高综合实力的有效途径之一，也是建设一流发供电企业的重要内容，是管理创新、技术创新的具体体现”。

状态检修是预知性检修，是以设备状态为基础，以预测设备状态发展趋势为依据的检修方式。能有效地避免故障检修和周期性定期检修带来的弊端，是较为理想的检修方式，也是今后设备检修模式发展的趋势。状态检修的优点是显而易见的，状态检修的实现基础主要体现在以下几个方面。

一、电气设备状态检修的可行性

1）多年来，国产电气设备积累了大量的运行经验，其运行和维护技术日臻完善，这为实施状态检修工作奠定了技术基础。同时，国产设备的质量有了很大提高，为状态检修提供了一定的物质基础。

2）新型设备投入运行及新技术的应用，监测手段的不断提高，如红外线成像技术在电力生产中的应用，大型变压器油色谱分析在线系统的研制成功，变压器绕组变形探测技术的发展，电容型带电设备集中在线测试技术的投入使用等，使正确诊断设备状态有了可能。

3）随着传感技术、微电子、计算机软、硬件和数字信号处理技术、人工神经网络、专家系统、模糊集理论等综合智能系统在状态监测及故障诊断中应用，使基于设备状态监测和先进诊断技术的状态检修研究得到发展，成为电力系统中的一个重要研究领域。

二、电气设备状态检修的优越性

1）状态检修之前的准备工作一状态管理，不仅减轻了原手工作业的劳动强度，提高了工作效率；更重要的是，能够充分利用已有的状态信息，通过多方位、多角度的分析，最大限度地把握设备的状态，依此制订合理的检修维护策略，为提高设备运行可靠性提供了保障。

2）状态检修可以使检修人员现场定期试验和测量工作量减轻到最小，显然这是一种降低成本的好方法。特别是在对设备的寿命进行正确估计后，提高了设备的最大可用性，就可以更有效地储存和安排设备备件，节省大量的备品费用。

3）在实现设备的状态检修后，可以通过适当的维修来避免重要设备故障，同时又避免了不必要的维修作业，降低了由于不必要的预防性检修引起故障的可能性。

4）通过设备的状态分析，可以发现问题于其萌芽状态，限制问题向严重化的方向发展，对于预防类似事故、改进产品质量、提高设备监督管理水平具有重要的指导意义。

5）实现状态检修后，把计划性停电降低到最少，可增加售电收入，提高供电可靠性和用户满意度。

实行状态检修时应根据设备的原始状态和历年来的状态变化趋势，并参考同类可比设备的状态统计分析来制订符合维修总策略的测试方案。对于初始状态良好的运行稳定设备，可适当延长常规测试周期；对于状态异常设备，适当延长常规测试周期；对于状态异常设备，适当提高常规测试频度；对于有明显缺陷的设备，要跟踪进行测试，避免在测试工作中的盲目性。通过历次试验检修情况进行综合分析，根据设备运行的可靠性和安全状况对预防性试验和检修的项目和周期进行调整。

状态检修是今后检修技术的发展方向，实现预防性检修向状态检修的过渡仍需要较长的时间。在此过程中预防性检修作为保证设备安全运行的主要手段仍然将发挥重要作用。因此，需处理好状态检修与事故检修、预防性检修的关系；状态检修工作与技术监督的关系；在线与离线的关系。制定设备状态检修相关规程，做好状态检修的组织准备工作：如建立完善的技术档案，包括设备随机资料、安装调试记录、历次检修试验报告、运行记录等，为以后的状态检修创造条件。要在做好状态检修的准备工作的基础上，有针对性的明确工作思路，确定阶段性目标，推广电力设备在线监测，逐步淡化定期的预防性检修，加速状态检修的全面推广。

1.4 小结

本章介绍了设备检修体制变化的过程，分析了传统计划检修体制的主要问题，阐述了设备状态检修技术的基本特点，提出了状态检修需与常规检修策略相结合的思路。随着电力工业的发展，电力设备检修技术的研究将更具有经济和社会价值。

第二章 设备状态检修概述

2.1 状态检修的基本原理

2.1.1 状态检修的基本思想

状态检修是以设备当前的实际工作状况为依据，通过高科技状态监测手段，识别故障的早期征兆，对故障部位、故障严重程度及发展趋势做出判断，从而确定各部件的最佳维修时机，其决策流程见图2－1。

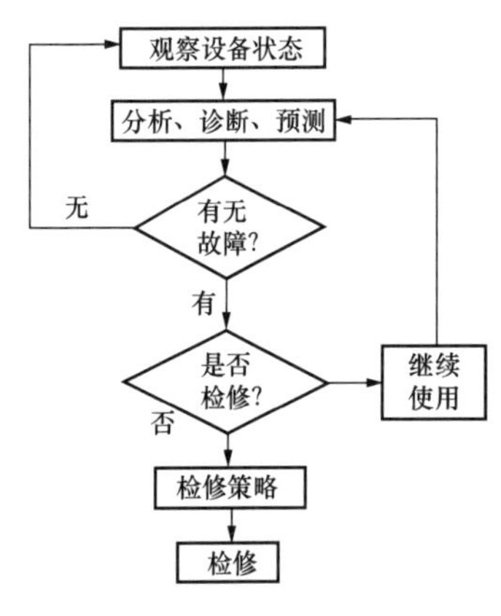

图2－1 状态检修决策流程图

状态检修就是在电气设备状态监测的基础上，根据监测和分析诊断的结果科学安排检修时间和检修项目，包括三层含义：① 设备状态监测；② 设备诊断；③ 设备检修决策。状态监控是状态检修的基础；设备诊断是以状态监控为依据，综合设备历史信息，利用专家系统等技术来判断设备健康状况。

进行状态检修必须研究电气设备

的故障模式，设备状态应包括：设备在线监测的特征量、预防性试验的结果数据、设备的历史运行状况和检修情况，以及设备现在的运行参数状况等。建立在在线监测基础上的故障诊断必须依据上述设备状态，全面而客观地进行评价。

提高设备的检测技术水平，获取设备充分而必要的状态信息是进行状态诊断的前提，是开展状态维修能否达到目的的关键，选用检测手段应全面考虑有效性、实用性、先进性。

电力事故是在必然性因素和偶然性因素共同作用下按一定概率发生的，设备设计、制造质量、安装调试、现场试验、运行维护、运行环境等是决定设备事故必然性的因素，是事故的主要因素；未能掌握的设备异常状态，何时、何种条件发展成为事故则属于偶然性，是事故概率的次要因素；必然性因素的外在表征是设备的状态，必然性因素越少，则设备状态越好，状态是可以通过检测和评估来掌握的。偶然性因素产生的事故一般是无能为力的，只能采取其他措施来限制事故的发展，减少对于电网安全运行的影响，如双重化保护配置、电源互相独立等。

2.1.2 状态检修的基本模型

状态检修技术实现的目标就是根据设备的运行状况、具体特性，确定最佳检修时机。因此，需要根据设备在线监测系统所获得的电力设备状态数据，建立状态检修的分析模型，进行分析、诊断和预测，确定设备目前的可靠度、可能的故障点、故障严重程度、故障数量、设备的可用度，以及可能的故障点的检修费用等指标。

非齐次柏松随机模型（Nonhomogeneous Poisson Process）能够综合费用与可靠性约束，计算设备的最佳检修时间，如果设备最佳检修时间为零，说明这种情况下对设备进行检修不经济，应该继续使用该设备。如果计算得到的最佳检修时间大于零，说明这种情况下对设备进行检修是经济的，并按照模型提供的参考检修时间，制定相应的检修计划，使设备整个检修周期费用达到最小。

假设一台正在使用的电力设备，根据前期的诊断、预测以及设备目前的运行状态，发现设备可能有 N 个故障需要修复，N 是服从强度参数为A(1)的非齐次柏松随机过程，其均值为：

$$m(t)=E[N(t)]<\infty \tag{2-1}$$

$\{N(t),t0\}$ 表示 t 时刻检测到的设备存在故障的累积随机数过程：

$$P\{N(t)=n\}=\frac{m(t)^n}{n!}\mathrm{e}^{-m(t)} \tag{2-2}$$

$$(n=0,1,2,\cdots)$$

假设：a 为设备在检修前预测的潜在故障个数，b 为对每一故障检测出来的概率，且 $m(0)=0, m(\infty)=a$，在 $(t,t+\Delta t)$ 时间段中，通过检测发现的错误个数与在时刻剩余错误的个数 $[a-m(t)]$ 成正比，即：

$$m(t+\Delta t)-m(t)=b[a-m(t)]\cdot\Delta t \tag{2-3}$$

当 $\Delta t\to 0$ 时，$m'(t)=ab-bm'(t)$

利用边界条件可知：

$$m(t)=a(1-\mathrm{e}^{-bt}) \tag{2-4}$$

则：失效率函数

$$\lambda(t)=\frac{\mathrm{d}m(t)}{\mathrm{d}t}=ab\mathrm{e}^{-bt} \tag{2-5}$$

设随机变量序列 $\{t,=1,2,\cdots\}$ 为发现第 i 个故障所需要的时间，则：

$$Sn=\sum ti \tag{2-6}$$

$(i=1,2,\cdots)$ 表示第 n 个故障被检测出来所花费的总时间。

假设从 $t=0$ 时点开始检修，则通过时间 $[0,t]$ 设备检修，设备的可靠度为 $R(x|t)$，则：

$$R(x|t)=\exp[-m(t)\mathrm{e}^{-bt}] \tag{2-7}$$

将 $m(t)$ 代入上式，则：

$$R(x|t)=\exp\{-a[\mathrm{e}^{-bt}-\mathrm{e}^{-bt}]\} \tag{2-8}$$

若要求检修完成后设备的可靠度至少达到 R_0，则：

$$R(x|t)\geqslant R_0 \tag{2-9}$$

在设备的检修中除了达到一定的可靠性要求以外，还需要花各项检修费用，设 c_1 为检修过程中每排除一个故障所需要的费用；c_2 为检修期 t 内未发现，而在设备投入使用后每排除一个故障所花的费用（$c_2>c_1>0$）；c_3 为由于检修而使设备停用单位时间内所造成的损失（$c_3>0$）。

T_{LC}为设备一个检修周期的平均寿命，R_0 为设备检修后必须达到的最低可靠度，则设备在［0，t］这段时间内所花费的总费用是关于时间长度 t 的一个函数，该函数为：

$$C(t)=c_1m(t)+c_2[m(T_{\mathrm{LC}})-m(t)+c_3t] \tag{2-10}$$

如果同时考虑可靠度要求与费用最低，设备最优检修时间，就是这里要求的设备检修停止时间，必须满足下列方程组：

$$\begin{cases}C(t)=\text{最小}\\R(x|t)\geqslant R_0\end{cases} \tag{2-11}$$

对于可靠度约束而言，要满足的 $R(x|t)\geqslant R_0$ 的要求，将式(2-7)代入可靠性要求，并且两边取对数，得满足最低可靠度要求得最短检修时间 T_1 为：

$$T_1=\begin{cases}\dfrac{1}{b}\left[\ln m(t)-\ln\left(\ln\dfrac{1}{R_0}\right)\right] & R(x|t)<R_0\\0 & R(x|t)\geqslant R_0\end{cases} \tag{2-12}$$

其次，对于费用最小约束而言，要使得 $C(t)$ 达到最小，令：

$$\frac{\mathrm{d}C(t)}{\mathrm{d}t}=0$$

由式（2-10）可得，满足费用最小的设备检修时间 T_2：

$$T_2=\begin{cases}\dfrac{1}{b}\ln\dfrac{ab(c_2-c_1)}{c_3} & ab>c_3/(c_2-c_1)\\0 & ab<c_3/(c_2-c_1)\end{cases} \tag{2-13}$$

最后，同时满足可靠度与时间约束的最优设备检修停止时间

$$T^* = \max\{T_1, T_2\} \tag{2-14}$$

其中，T_1、T_2 是由上面两个约束条件求解得到。

对于上述结果可以有下面四种情况：

1） $$ab > c_3/(c_2 - c_1), R(x|0) < R_0 \tag{2-15}$$

$$T^* = \max\ \{T_1,\ T_2\}$$

2） $$ab > c_3/(c_2 - c_1), R(x|0) > R_0 \tag{2-16}$$

$$T^* = T_2$$

3） $$ab > c_3/(c_2 - c_1), R(x|0) < R_0 \tag{2-17}$$

$$T^* = T_1$$

4） $$ab > c_3/(c_2 - c_1), R(x|0) < R_0 \tag{2-18}$$

$$T^* = T_0$$

模型中参数的估计分为两类：第一类为 c_1，c_2，c_3，R_0，这四个参数可以根据设备检修过程中的实际费用和可靠度要求直接确定；第二类参数为模型中的参数 a，b 的估计，这两个参数可以根据检修过程中发现的错误数和发现每个错误所用的时间，利用最大似然估计法（Maximum Likelihood）求出。

最大似然估算法的基本原理为：给定一个概率分布 D，假定其概率密度函数（连续），或者概率聚集函数（离散分布）为 f_D，以及一个分布参数 θ，可以从这个分布中抽出一个具有 n个值的采样 $X_ 1，X_ 2，…，X_ n$，通过利用 f_D，就能计算出其概率：$\mathbb{P}(x_1,x_2,\dots,x_n) = f_D(x_1,\dots,x_n \mid \theta)$。

但是，由于可能不知道 θ的值，尽管这些采样数据来自分布 D，那么如何才能估计出 θ呢？一个自然的想法是从这个分布中抽出

一个具有n个值的采样$X_1,X_2,…,X_n$ n，然后，用这些采样数据来估计θ。

一旦获得$X_1,X_2,…,X_n$，就能从中找到一个关于θ的估计。最大似然估计会寻找关于θ的最可能的值，即在所有可能的θ取值中，寻找一个值使这个采样的“可能性”最大化。这种方法正好同一些其他的估计方法不同，如θ的非偏估计，非偏估计未必会输出一个最可能的值，而是会输出一个既不高估也不低估的θ值。

要在数学上实现最大似然估计法，首先要定义可能性：$\mbox{lik}(\theta) = f_D(x_1,\dots,x_n \mid \theta)$，并且在$\theta$的所有取值上，使这个函数最大化。这个使可能性最大的$\widehat{\theta}$值即被称为θ的最大可能性估计。

具体方法如下：设 t 为第 i 个故障被检测出来所花费的时间（$i=1, 2, \cdots, n$），S 为第 i 个错误发现所用的时间：

$$S_k = \sum_{k=0}^{i} t_k, (0 \leqslant S_1 \leqslant S_2 \leqslant \cdots \leqslant S_N) \qquad (2-19)$$

则 S_k 的联合概率密度函数为：

$$f_{S_1,S_2,\cdots,S_N}(S_1,S_2,\cdots,S_N) = \left(\prod_{i=1}^{N} abe^{-bS_N}\right) \exp[-a(1-e^{-bS_N})] \qquad (2-20)$$

当 S 一定时，上式为 a，b 的最大似然函数，即：

$$L(a,b) = \left(\prod_{i=1}^{N} abe^{-bS_N}\right)\exp[-a(1-e^{-bS_N})] \qquad (2-21)$$

上式分别对 a，b 求偏导并令其为零：

$$\begin{cases}\dfrac{\mathrm{d}m(t)}{\mathrm{d}a}=0\\\dfrac{\mathrm{d}m(t)}{\mathrm{d}b}=0\end{cases}\Rightarrow\begin{cases}\dfrac{n}{a}-1+\mathrm{e}^{bt_m}=0\\\dfrac{n}{b}-\sum\limits_{i=1}^{n}t_i-at_m\mathrm{e}^{-bt_m}=0\end{cases}\tag{2-22}$$

解方程组就可得 a，b 的估计值 $\hat{a}$，$\hat{b}$。

根据状态检修流程图 2－1，上述模型在实际应用中，可以根据电力设备的使用状况和维修记录，按照下面的步骤进行计算，即可求得待检修设备的最优检修策略，从而使设备在一定的可靠度要求下，花费最少的检修费用尽快投入运行。

步骤①：根据电力设备的观察数据和对待检修设备历史的检修数据，确定模型各参数。

步骤②：观察记录设备的状态。

步骤③：对在线监测数据进行分析、诊断、预测，确定设备有无故障，无故障，转步骤②，否则转步骤④。

步骤④：将预测的设备故障个数、设备可靠性，以及故障发生可能的损失等数据代入模型计算若 $T^*=0$，则不检修，转步骤二；若 $T^*>0$，则转步骤⑤。

步骤⑤：实施设备检修，并根据 T^* 的大小，决定最优检修时间。

上述模型对电力设备检修中最优检修停止策略问题在理论上给予了阐述，模型同时考虑了可靠性和经济性两个方面的因素，并给出了实际应用中的操作步骤，具有一定的可操作性和实用价值，计算结果可以用来指导电力设备检修计划的最优策略和电力设备检修计划的制订。

2.1.3 状态检修主要技术支持

（1）系统可靠性评价。

系统可靠性评估是状态检修的关键技术，也是可靠性工程的重要组成部分，可靠性评估是根据产品的可靠性结构、寿命模型及试验信息，利用统计方法和手段，对评价产品可靠性的性能指标给出估计的过程。在可靠性评估领域，复杂大系统的可靠性评估一直是重大难题之一。20 世纪 50 年代中后期以来，国际上普遍使用“金字塔”模型进行可靠性综合评估，该模型是从底层出发直至系统级，逐级向上折合、综合，最终对大系统的可靠性进行评估。

目前最常用的数学分析方法是贝叶斯方法，可分为三个阶段：① 对单元进行贝叶斯可靠性评估；② 由单元可靠性信息折合到系统级作为系统可靠性的验前信息；③ 综合验前信息和系统级可靠性试验信息对系统可靠性进行评估。由于这种方法的数据来源单一及综合过程的多级近似而导致了评估结果的可信度不高。因此，现在又出现将信息融合技术和证据理论应用在复杂大系统的可靠性评估方面的趋势，为复杂大系统的可靠性评估提供了新的方法。

（2）先进的传感技术。

先进的传感器是实现预测性维修的重要手段，因为故障诊断技术的发展首先决定于能否获取尽可能多的有用信息，这是数据处理和诊断决策的基础。一些原来用于军事方面的传感技术已有一部分移植到电气设备的状态监测上来。如发改委（原国家计委）组织实施的新型电子元器件产业化专项，其中一个重点就是发展集成化、阵列化、智能化的传感器和电压敏、热敏及气敏等敏感元器件产品。除传感器本身的问题外，需要研究的还包括传感器的放置问题，在很多情况下传感器的位置不同可能会造成不同的测量结果。

（3）信息采集处理技术。

由于状态监测所选用的传感器，一般是非侵入式的，不影响被监测设备的正常运行，所监测的特征信号，既有状态变量，也有很多反应设备状态的二次效率信息，如局部放电过程中会产生电脉冲、气体生成物、超声波、电磁辐射、光、局部过热、产生微量金属元素等现象。因此，可以通过监测这些信息判断设备的运行状况，不同的设备可以选择不同的信息及不同的信号处理方式。同时，由于信号在传送过程中往往受其他信号的干扰，因此，传感器所测量的数据采用模拟传输还是数字传输或采用有线传输还是无线传输等问题需要针对不同的应用场合，研究不同的方案。

（4）干扰抑制技术。

状态监测设备所处的运行环境会受到各种电磁干扰，因此，为了确保监测信号的准确性，必须在状态检测过程中采取抗干扰措施。除硬件滤波器和数字滤波技术外，近年来小波变换技术也被广泛应用于信号提取中，它可有效地滤除各种噪声信号，如现场测试中经常遇到的载波信号干扰，可把有用信号从比信号强几个数量级的干扰中提取出来。

（5）模式识别技术。

故障信号的分类一直被认为是较困难的研究课题，过去用频谱来区分故障类型的方法有很大的局限性，许多不同类型的故障信号频谱往往有一部分甚至大部分是重叠的，在频域内很难加以区分。因此，模糊识别神经网络、专家系统、小波分析、分形分析等技术已经被用于研究故障的特征提取和特征识别，并构成了故障诊断技术的一个重要分支。

（6）故障严重性分析。

设备故障的严重性程度是判断设备能否继续运行的关键性指标，目前区分方法按产品功能和对环境与人员的损害故障严重性程度分为四个等级，用于评价电气设备的三级评定法。需要进一步深入研究电气设备的计算机故障严重性分类及其分析方法。

界定设备故障的严重等级严格意义上来说都可以从失效模式和影响分析 FMEA（Failure Mode and Effect Analysis）中得出，FMEA 是一种系统化的预防问题的工具和体系，利用其内在的逻辑步骤思考和分析，能够提前发现潜在失效模式及其影响，根据现有的情况，进行风险评估。对高风险之失效模式，寻求解决方案，从而避免失效的发生和减小其影响，降低风险。所以，FMEA 的关键在于

通过风险管理达到预防的效果，提高质量、降低成本。

设备缺陷一般可分为四类：

1）轻微缺陷——不影响使用，如数据打印功能失却等；

2）主要缺陷——影响使用或性能的小问题，包括辅导功能或性能失去，如保护动作指示灯 LED 故障等；

3）严重缺陷——使产品的主要功能失去，如装置电源故障等；

4）安全缺陷——存在有使用时人员安全问题发生的，如 TA 开路、TV 短路等。

（7）寿命估计。

对设备的寿命估计是对电气设备更新的基本依据，目前所采用的基本方法是在大量的实验基础上利用概率的相关知识。通常认为电容器的寿命服从威布尔分布（Weibull distribution），发电机的寿命服从指数分布，现在有使用 CIGIE Ⅱ 方法对绝缘老化进行估计，从而得到设备的剩余寿命。

2.2 电气设备状态检修的基本应用

1996 年我国在电力系统中开始状态检修模式试点工作，取得了一定的经验和成绩，实践证明：基于设备运行状态的状态检修一方面可以延长设备检修间隔、提高设备可靠性；另一方面可以推动电力设备管理体制的改革，状态检修已成为电力系统设备检修管理发展的趋势。然而，检修方式的成功应用依赖于检修技术和检修策略的同时改进和提高，虽然状态检修的思想引入我国已经多年，但状态检修策略的研究仍不尽如人意，使得状态检修无法深入实施，发挥其应有的作用。

事故维修→定期维修→状态维修，是技术发展的必然。定期维修以预防性试验为基础，而状态检修则必须以在线监测为基础。在线监测、故障诊断、实施维修，这个过程构成了电气设备状态检修工作的内涵。

状态检修的实践基本上是从一次设备开始着手，主要检测的设备包括电力变压器、断路器、容性设备和 GIS 等。变电站设备的状态监测通过故障模式分析，变压器及其有载开关应该是状态监测的重点。

2.2.1 变压器状态监测

变压器的状态监测（也称变压器在线监测）项目主要有：油中气体测量与分析局部放电测量、有载开关的触头磨损及机械和电气回路的完整性测量等。变压器状态监测可以被特征化为由缺陷发展到初始故障的过程。这种过程往往历时很长，这种老化过程的特征有：油泥的沉积、纸包导体绝缘材料机械强度的减弱，提供机械支撑的材料的收缩，以及有载调压开关的错位等。某些运行方式可能导致过热，使得溶解于油中的水分变成气泡，这些气泡能够引起液体绝缘介质强度的严重降低，最终导致介质失效事故。当然，在某些情况下，严重的后果会在瞬间发生。一般变压器状态监测的项目有：绕组温度多点测量；铁芯温度测量；油量、油位、油温测量；绕组输入、输出电压、电流、有功、无功监视；绝缘分解物测定；内部局部放电量检测和位置判断；冷却系统检测等。

常用的监测方法有以下几种：

（1）气体分析法。

由于设备内部不同的故障会产生不同的气体，通过分析油中气体的成分、含量和相对百分比，就可达到设备绝缘诊断的目的。典型的油中气体如 H_2、CO、CH_4、C_2H_2、C_2H_4、C_2H_6 等常被用作分析的特征气体。通过监测确定特征气体，油中溶解气体分析 DGA 已被证明对于发现油浸变压器内部潜伏性故障相当有效和可靠。DGA 已作为检测变压器内部潜伏性故障的主要试验项目，列于 DL/T 596—1996《电力设备预防性试验规程》的变压器试验项目首位。

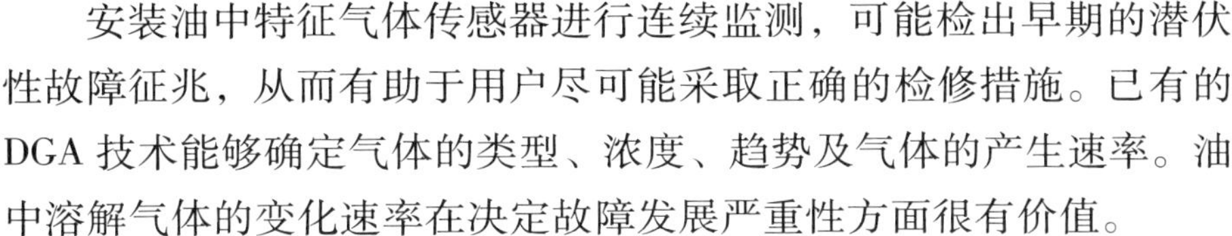

安装油中特征气体传感器进行连续监测，可能检出早期的潜伏性故障征兆，从而有助于用户尽可能采取正确的检修措施。已有的DGA技术能够确定气体的类型、浓度、趋势及气体的产生速率。油中溶解气体的变化速率在决定故障发展严重性方面很有价值。

（2）局部放电法。

常用的局部放电检测方法有声学检测、光学检测、化学检测、电气测量等，过量的局部放电，既是设备绝缘系统老化的征兆，也是造成绝缘老化的重要机理。变压器故障的原因之一是介质击穿，其起因主要是局部放电PD（Partial Discharge）。PD水平及其增长速率的明显增加，能够指示变压器内部正在发生的变化。由于局部放电能导致绝缘恶化乃至击穿，故值得进行在线监测。最常遇到的PD源反映了绝缘中由于某些缺陷状态而产生的固体绝缘的空洞、金属粒子和气泡。解释检测到的PD表现不够直接，变压器的剩余寿命与PD表现之间的相关性不存在一般的规则。从监测和诊断的角度，高于规定值的PD检测只能作为警示作用而一般不能作为设备失效的依据。这些现实情况只说明了所遇到的PD诊断的许多困难之一。基于模式识别方法的局放数字化检测装置及其三维谱图显示很有特色，但要用于在线连续监测，由于现场干扰源的相异性及复杂性，目前还有相当困难。目前现场采用的“直线插入定位法”加数字滤波定位，采用干扰平衡装置在变压器各绕组的套管末屏、中性点及铁芯等接地线获取信号，并排列组合成数对“平衡对”来消除外部干扰，获得PD量。但所测数据的稳定性和重复性都较差。考虑到干扰信号的频率范围，电力变压器PD的超高频法（PD的超高频特征、PD值定标、PD定位和超高频传感器）的应用研究将有望解决PD在线监测现场干扰的问题。

（3）频率响应分析法。

频率响应分析法（简称频响法）是用于检测变压器绕组有无变形的有效方法，绕组机械位移会产生细微的电感和电容的改变，而频响法正是通过细微的变化来达到监测变压器绕组状态的目的。为了达到在线检测绕组变形，可在线检测变压器短路电抗，测量精确度可以达到1%。该系统能依据所测短路阻抗数值给出绕组变形程度指示，对已有变形的变压器提出警告，直至退出运行，为电力变压器实行状态检修提供依据，判据较明晰，而且不依赖于实验者及其经验。

（4）泵/风扇运行检测。

冷却系统最频繁的故障模式是泵与风扇的故障，应连续在线分析泵与风扇的状况，以决定当它们是否在设定的运行状态或关闭状态。这可以通过测量流过泵和风扇的电流及测量与其相关的控制冷却系统的温度来实现；也可以通过测量泵/风扇的电流和上层油温来实现。考虑到金属粒子可能是潜在的介质杀手，安装监测轴承磨损的传感器具有现实意义，这种超声传感器被嵌入泵轴承中，测量轴承长度可以确定是否出现了金属磨损，目前还必须离线测量。连续在线分析必须考虑控制冷却系统的温度可能与通过诊断系统测得的温度不同；为冷却系统工作的各阶段而建立的初始监测参数，决定于变压器的原始设计。

另外，可以通过对变压器铁芯接地电流的在线监测，来判断变压器铁芯是否有多点接地故障。但如变压器油中微水、绕组温度分布及其纸绝缘的老化参量等的在线监测，国内外都在积极探索中。在实际应用中综合应用以上各种方法，会达到更好的监测效果。

2.2.2 断路器的状态监测

高压断路器在电网中起控制和保护作用，对高压断路器的重要参数进行长期连续的在线监测，不仅可以提供设备的运行状态，而且还能分析各种重要参数的变化趋势，判断有无存在故障的先兆，决定是否可以延长设备的维修保养周期，提高设备的利用率，减少维修保养的费用，为电力设备由定期检修向状态检修过渡创造条件。

根据国内外多项统计看，机械故障（包括操动机构及控制回路）占全部故障的70%～80%，其他灭弧、绝缘故障占有较小比例，发热故障比例更低，因此通常把机构故障包括操动机构控制回路故障放在监测最重要的地位。

高压断路器监测项目包括：

1）断路器的工作环境：温度、湿度等。

2）断路器的电气特性：合（分）闸的控制回路完整性；开断电流大小，触头电磨损程度，灭弧室剩余电寿命，SF_6 气体密度等。

3）断路器的机械特性：分/合闸线圈操作电压、电流，动触头行程，分合闸时间、速度，弹簧机构的压缩工作情况，操动机构次数等。

2.2.3 容性设备的状态监测

国内外开展较早和较多的在线监测工作便是容性设备（包括氧化锌避雷器）的在线监测。主要测量容性设备的电容、电容电流、介质损耗 $\tan\delta$、不平衡电压等参量和氧化锌避雷器 MOA 的全电流、阻性电流、功耗等参量。

（1）微弱信号的采集。

末屏电流非常微弱，例如，110kV 以上的电流互感器的末屏接地电流约为 10mA～20mA；110kV～500kV 的 MOA 的全电流也仅为 1mA～2mA。传感器的采用应具体情况具体分析。由于所取信号微弱，考虑到现场电磁场干扰及信号传输时的衰减，最好的解决方案是采用数字化传输。

（2）MOA 监测。

研究发现，这种分析接地线中电流的方法存在相间干扰和系统谐波电压的影响。目前在线监测普遍采用抵消容性电流分量法。由于 MOA 的电容小，容易被相间和其他母线等电场干扰而影响数据的准确性。而且，该方法只能补偿基波电流，不能抑制系统谐波的影响。三次谐波法由于电网中的谐波比较大且不稳定，而使得测量误差较大。解决的方法：① 对测到的阻性电流纵向比较，同时也可横向比较；② 在测量装置中采用硬件补偿，同时采用软件补偿。

（3）其他容性设备监测。

技术进步促进了在线监测技术的发展，有关 $\tan\delta$、SH 电容的在线监测已取得重大进展。

传感器和电压互感器由于激磁支路的影响，不可避免地存在角差，且角差本身也不稳定，势必造成测量误差，甚至造成数据漂移；环境因素（温度、湿度）和空间电磁场的干扰也会造成数据的不稳定。这个问题可以依靠相对测量方法来克服，即将某一容性设备的绝缘状况与安装在同一个变电站中的其他容性设备的绝缘状况相比较。通过对足够数量的容性设备进行比较，可发现发生变化较大的容性设备，即在一段时间内监测大量容性设备样本的绝缘参数的变化，并与其他单元相比鉴别出某个设备其参数变化量超出正常范围的单个或多个容性设备样本。

2.2.4 GIS 的状态监测

GIS 没有向外部露出的带电部分，其可靠性已显著提高，为检修和维护方便，需要开发不拆卸设备而用确切的简易办法诊断内部状态，主要集中在以下几方面进行监测：

（1）气体的监测。

SF_6 气体的监测集中在气体压力、泄漏、湿度、色谱分析等方面，由于 SF_6 在局部放电和火花作用下会产生分解物，所以通过比较 SF_6 的离子迁移率频谱与纯 SF_6 气体的参考频谱变化，使检查 SF_6 的特性改变成为可能。

（2）SF_6 断路器电寿命的监测。

开断电流加权值监测，测量断路器的主电流波形、触头每次开断电流值和时间（用录波器或监视器记录），经过数据处理计算开断电流加权值，可间接监测断路器的电寿命。静、动态电阻监测，SF_6 断路器有主触头和弧触头，灭弧主要靠弧触头。通过测量静、动态电阻，可预测回路接触及主触头、弧触头的磨损情况，从而判断断路器的电寿命。

（3）断路器机械特性的监测。

合、分闸线圈电流监测。用补偿式霍尔电流互感器监测开关合、分闸线圈电流波形，该电流含有可作为诊断机械故障用的丰富信息。通过在线监测并与正常电流波形比较，可监视断路器机械异常情况。行程、速度监测。用条型码读出器通过非接触方法进行光学方法测定断路器的动作特性（行程、合/分时间、平均速度等），综合诊断断路器的动作特性是否良好。空气压力等监测。通过监测空气压力、压缩机起动频次或马达电流等，了解气站及机构运作状况是否良好。

（4）局部放电监测。

SF_6 内大部分绝缘故障如绝缘子表面金属微粒附着、绝缘子内部气泡、高压导体表面的突起等，都会引起较为严重的局部放电。对局部放电的监测方法有很多，如：监测分解气体的化学法、机械法、光电法、脉冲电流法和超高频法 UHF 等。UHF 法不仅可检测到 SF_6 中局部放电的发生并识别绝缘缺陷类型，而且还可实现局部放电源的准确定位，抗干扰能力强。

进行变电站设备状态检修的目的是为了及时、有效地监测设备的运行状态，发现设备的潜伏性故障。随着在线监测技术、数字化变电站技术的发展，实现状态检修不仅成为可能也成为必要。就技术层面看，目前在线监测得到的数据分析和综合评判还处于初步状态，最终的结论还需要人的参与，这与在线监测的数据积累不够充足有关，在数据的融合和判据的效用方面，还有许多工作要做。同时在管理上客观要求提高运行人员的素质，打破目前按一次设备、二次设备、计量和通信等专业划分的运行、检修模式，以便详细地分析所有能得到的信息资料，综合判断设备的状态。

2.3 电气二次设备状态检修的关键

电气设备根据功能不同可分为一次设备和二次设备。电气二次设备主要包括继电保护、测控、安全自动装置、故障录波、远动等实现电气量采集、分析、处理、控制的设备。二次设备及相关回路构成了电网运行的二次系统，或称之为电网控制系统，其正常可靠运行是保障电网稳定和电力设备安全的关键。在实际运行中因电气二次设备造成的系统故障时有发生，保护不正确动作的原因涉及保护人员、运行人员、设计部门、制造部门、自然灾害等。

如前一章所述，状态检修目前主要在一次设备上实施、推广，电力二次设备的状态检修基本还没有开展。由于电力一次设备检修前先作预防性试验和线路不停电检修技术的应用，从而使检修设备所导致的停电时间越来越短，这对电力系统二次设备检修校验提出了新的要求。

微电子技术、信息技术在继电保护及自动装置的广泛应用，作为电气二次系统的主要装置，继电保护的可靠性、定值整定的灵活性大大提高。因此，电力系统二次设备在检修体制、检修方法及校验项目、定检周期等方面也需要进行改变，应在传统的DL/T 995—2006《继电保护及电网安全自动装置检验条例》基础上，研究二次系统的特点，通过设备状态监测技术和设备自诊断技术，结合二次设备运行和检修历史资料，建立二次设备状态的科学评估机制。根据状态评价结果，在保证二次设备的安全可靠运行的基础上科学安排检修时间和检修项目，逐步实行电力系统二次设备状态检修，以适应电网应用技术的发展。

（1）电气二次设备的状态监测内容。

状态检修的基础是设备状态监测，监测二次设备工作的可靠性，进行设备的寿命评估。电气二次设备的状态监测对象主要有：交流测量系统、直流操作、信号系统、逻辑判断系统、通信系统、屏蔽接地系统等。交流测量系统包括 TA、TV 二次回路绝缘良好、回路完整，测量元件完好；直流系统包括直流动力、操作及信号回路绝缘良好、回路完整；逻辑判断系统包括硬件逻辑判断回路和软件功能。与电气一次设备不同的是电气二次设备状态监测对象不是单一的元件，而是一个单元或一个系统，监测的是各元件、环节的动态性能。与此同时，对于电气二次设备性能的评估也取决于设备停电状态下的测试数据，因此，电气二次设备的离线测试数据也是状态监测与诊断的依据。

（2）电气二次设备的状态监测方法。

微机保护和微机自动装置自诊断技术的发展、变电站故障诊断系统的完善，为电气二次设备的状态监测奠定了技术基础。保护装置内各模块具有自诊断功能，对装置的电源、CPU、I/O 接口、A/D 转换和存储器等插件进行巡查诊断。

与电气一次设备相比，电气二次设备的状态监测不过分依靠传感器。因此，电气二次设备的状态监测无论是在技术上还是在经济方面都更容易做到。保护装置的状态监测可充分利用现有的测量手段。如 TA、TV 的断线监测，直流回路绝缘监测，二次保险熔断报警等。

电气二次设备的状态监测方法一般可以采用比较法、编码法、校验法、监视定时器法、特征字法等故障测试的方法。对保护装置可通过加载诊断程序，自动地测试每一台设备和部件。

（3）电气二次回路监测问题。

电气二次设备可分为电气二次回路和保护（或自动）装置。目前，保护装置的微机化，容易实现状态监测。但电气二次回路是由若干继电器和连接各个设备的电缆所组成，点多、分散，要通过在线监测继电器触点的状况、回路接线的正确性等具有相当的难度。因此，对电气二次回路还需从设备管理方面着手，如设备的验收管理、离线检修资料管理，结合在线监测来诊断、评估设备的状态。

（4）二次设备的电磁抗干扰监测问题。

由于大量微电子元件、高集成电路在电气二次设备中的广泛应用，电气二次设备对电磁干扰越来越敏感，极易受到电磁干扰。电磁波对二次设备干扰造成采样信号失真、自动装置异常、保护误动或拒动、甚至元件损坏。

国际电工委员会 IEC 及国内有关部门对继电保护制定了电磁兼容 EMC 标准。但对现场电磁环境的监测、管理没有纳入检修范围。也没有合适的监测手段。对二次设备进行电磁兼容性考核试验是二次设备状态检修的一项很重要的工作。对不同厂站的干扰源、耦合途径、敏感器件要进行监测、管理。如对二次设备屏蔽接地状况检查；微机保护装置附近使用移动通信设备的管理等。

（5）二次设备状态检修与一次设备状态检修的关系。

一次设备的检修与二次设备检修不是完全独立的，许多情况下，二次设备检修要在一次设备停电检修时才能进行。在作出二次设备状态检修决策时要考虑一次设备的情况，做好状态检修技术经济分析。既要减少停电检修时间，减少停发、供电造成的经济损失，减少检修次数，降低检修成本，又要保证二次设备能有效地完成检修项目。

2.4 小结

本章阐述了状态检修的基本原理，基本模型，主要支撑技术，以及状态检修在电气一次设备方面的具体应用，提出了二次系统状态检修需解决的关键问题，分析了一次、二次设备状态检修的关系。状态检修应具有故障发现能力，可对故障进行准确定位，以及对故障严重程度进行精确分析，对于故障发展趋势进行准确判断。同时，状态检修的实现应有相对于被监测设备而言可接受的成本。

状态检修技术的应用需要积极、稳妥地推广、普及成熟的带电检测和在线监测新技术，不断提高监测水平，逐步采用新的在线监测技术代替传统的状态数据获取手段。重视信息采集的准确、完整，包括从运行记录所获取的信息，并使之规范化、科学化。试用对设备状态诊断有意义而又能无碍系统和设备安全运行的新测试技术。整理、汇总现有的电气设备的状态数据，建立电气设备健康状况的技术档案。定期和适时对设备进行状态诊断，充分发挥高智能、现代技术手段，如网络化、数字化、图像处理等的功能，建立电气设备状态数据的数据库系统，并完成数据网络和数据中心的建设。

第三章 电气二次设备的状态检修

3.1 电气二次设备状态检修的目标

二次设备状态检修就是利用微机保护/测控等自动装置的自检信息，建立一整套确定二次设备实际状况的监控系统，来监控二次设备的运行状态，并以诊断保护/测控装置的动作行为来确定设备是否需要检修。

状态检修的目标是应用现代管理理念和技术，采用有效的监测手段和分析诊断技术，准确掌握设备状态，按照“应修必修、修必修好”的原则，保证二次设备的安全、可靠和经济运行；科学地进行检修需求决策，合理安排检修项目、检修间隔和检修工期，有效降低检修成本，提高设备可用性；形成符合状态检修要求的管理体制，提高二次设备和二次回路检修、运行的基础管理水平；在电网中营造科学决策、改革创新的氛围，提高电网运行的安全性。

二次设备状态检修的具体目标体现在以下几个方面：

（1）提高供电可靠性。

状态检修是供电设备在特殊状态下的检修，保证了用户的正常用电，提高了设备的可靠性和可用系数，延长设备使用寿命。更好地贯彻了“安全第一，预防为主”的方针。

（2）保证设备安全经济运行。

随着电力系统微机继电保护及综合自动化的应用日益普及，保护装置逐步具备了相应的数据接口可进行数据远传，充分利用数字式保护的技术特征，实现数字式保护的状态检修，改变目前保护装置计划检修模式，将预防性试验改为预知性试验，提高了设备的安全运行水平。实现状态检修可以有效避免定期检修中不管设备好与坏而全部进行检修的缺点，克服定期检修的盲目性，同时降低凭经验进行定期检修的不可靠性和设备的故障率。

（3）提高设备的可用率。

采取状态检修技术后，各种保护/测控等自动装置的设备状态特征量采集上没有盲区，通过对于保护/测控等装置的故障和动作信息，监测操作及信号回路状态的监视，设备的可用率将大大提高，见图3－1。

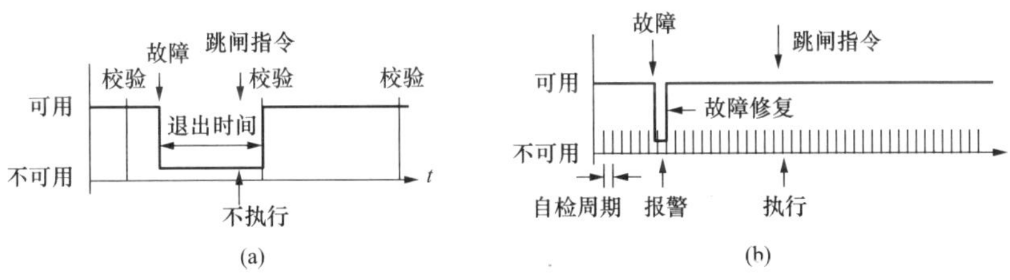

图3－1　变电站自动化系统可用率示意图

（a）没有自我诊断和监视的变电站：低可用率；（b）具有自我诊断和监视的变电站：高可用率

（4）提高人员技术素质。

状态检修是在一定组织下进行充分的技术准备，采用先进的在线监测装置对二次设备进行检修，对技术人员要求具有较高的技术水平，他们不仅可以保证检修质量，而且使设备在更新完善方面更科学化，可以说推广状态检修的过程就是相关技术人才的培养和使用的过程。

（5）提高设备的管理水平。

随着电气二次设备的不断完善更新，状态检修所要求的技术条件以及科学分析方法，使检修工作简单化，处理事故准确化，避免了定期检查的盲目性。检修工作向量化迈进，使管理工作科学化、规范化，减少了检修管理中的混乱性。

（6）有利于减员增效。

以往的定期检修是依据设备运行周期，到期必修，工作盲目性大，检修工作量大，需要的工作人员多而杂。状态检修是根据设备的运行情况适时检修，检修人员不再需要多、只需要精，提高了工作效率，减少维护工作量，降低劳动强度，有利于提高劳动生产率。

3.2 电气二次设备状态检修的主要技术

3.2.1 二次设备状态检修的主要方法

数字化装置自诊断技术的发展及变电站自动化故障诊断系统的完善，为二次设备状态监测奠定了坚实的基础。二次设备的状态监测不过分依靠传感器，常规保护由于是由若干继电器构成，元件比较单一，状态监测相对难以实现，但可以充分利用本身具有的测量手段，如：TA、TV 断线监测，直流回路绝缘监测，二次保险熔断报警等实现。

状态检修技术的基础是故障检测和故障诊断，故障诊断的目的是尽快发现故障，减少故障潜伏时间，故障诊断是指明故障位置。故障检测和诊断能及时发现故障和故障部位，为排除故障提供了信息。故障一般分为 4 个层次：① 物理层故障；② 逻辑层故障；③ 信息（数据）层故障；④ 系统层故障。

物理层故障是电子电路中的故障，可分为元件级、逻辑门级和集成芯片级故障。逻辑层故障是指物理层故障在逻辑层表现为逻辑值的变异。数据层故障是在数字系统和计算机中，常量、变量以及指令等都以码字形式存储和传递的。由于硬件故障或环境干扰等原因，会造成码字中的一个或多个码字发生变化，从而破坏了数据的正确含义，产生运算上的错误。系统层故障表现为功能的错误，即系统的输出不符合系统功能的设计要求。

设备故障评价测试和诊断的有效性，通常是以覆盖率和分辨率来衡量的。检测覆盖率是指被测系统工程中任意故障能够被测出的概率。如果知道所有故障的集合为 F_1，可检测到的故障集合为 F_d，则覆盖率为 F_d/F_1。分辨率是指能判明故障部件（模块）的大小。诊断的目的是为部件重组或更换部件作准备，分辨率只需重组或更换相匹配就可以了。

各种基本故障测试方法的特点具体如下：

（1）比较法。

比较法是发现差异的重要形式，比较法是测试故障的常用方法。假设有两个功能完全一样的模块，输入的信息也是一样的，将两个模块的输出作为比较器的输入。比较器的功能是：当两个输入相同时，输出一个“一致”信号，当不一致时则输出一个“不一致”信号。当模块发生了故障，只要两个模块不同时发生故障或者同时发生了故障但不是同样的故障（共模故障），则两个模块的输出就不会一样，或者说输出的一致性的概率极小，因此，通过比较器的输出便知道模块是否发生了故障。

（2）编码法。

在数字系统和计算机系统中，任何信息（数据）总是由码元（比特）的序列（称作码向量或码字）表示的。编码理论指出，在一定的信息数量下，可用最少量的码元组合而成。例如用 K 个二值码元可组合成 2K 个码字，即代表了 2K 个信息。在此基础上若增加冗余的码元，并使冗余码元与原来的信息码元具有某种相关性，那么这种码字就具有一定的差错控制能力（检错、诊错或纠错）。

（3）校验法。

校验法是用已知的正确量与被测量相比较，如果两者一致就说明产生被测量的模块工作正常，否则便是发生了故障。其特点在于“理想模块”，如果它的功能和被测模块一样，那么它必须是无故障的（理想的）或者是它的失效率远小于被测模块，只有这样，它的输出才可看成是预期正确的。理想模块也可以是一个“输入—输出对应表”的存储模块。每有一个输入，就输出一个正确的输出信息。这个存储模块的结构比被测模块简单，可靠性远大于被测模块。校验法的特点是能根据校验的输出直接判明被测模块是否发生了故障。

（4）监视定时器法。

监视定时器法是一种监视工作过程所需时间是否超过了规定限度的方法。例如，在所监视的过程开始时，把定时器置位，在过程完结时把定时器复位。若定时器在预定的时间内没有复位，则给出错误标志。由于监视定时在技术实现上比较简单，所以在具有周期性工作过程的系统中得到广泛的应用。监视定时器可用硬件或软件单独实现，也可混合实现。

（5）特征字法。

特征字法也叫检测法，这种方法的基本思想是设计一种硬件的特征字发生器，当任何串行数据通过该发生器后，该发生器就产生了一个与该数据唯一对应的特征字。与一个正确的数据相对应的特征字叫做标准特征字。如果一个被测数据通过发生器产生的特征字与它的标准特征字不相符，则说明被测的数据发生错误。

3.2.2 实施二次设备状态检修的关键

如前所述，实施设备状态检修的目的是提高设备的可用率，设备可靠性评估是提高设备可用率的基础。传统的电力设备可靠性评估基于威布尔得出的浴盆曲线（Bathtub Curve）法，由于可靠性特征曲线形似浴盆而得名，见图 3－2。纵轴为失效率，横轴为时间。

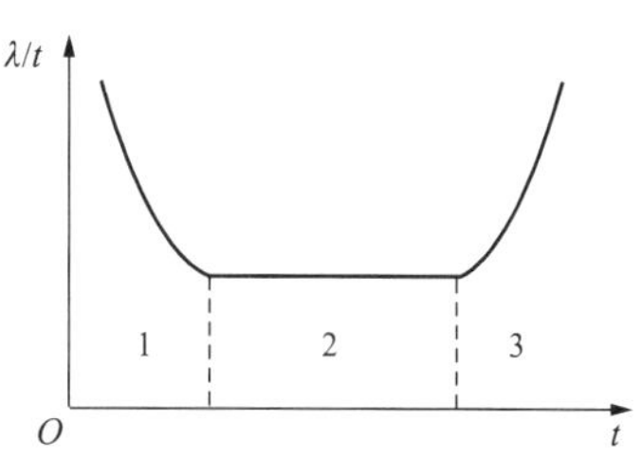

图 3－2 浴盆曲线
1—早期故障期；2—偶然故障期；3—耗损故障期

按照曲线的形态可分为早期故障、偶然性故障和耗损性故障。如前所述，偶然性故障是很难预防的，因此，状态检修技术的采用主要是降低设备耗损性故障期间的失效率，提高设备的可用率，定期检修不能有效地减低设备的故障率，延长设备生命周期。

状态监测技术往往采用“限值”作为可靠性评估判断的基础，电力设备的各项“限值”是由多年来大量的试验及运行数据经分析、总结而得出的一个概率分布值。由于电力系统在设计、运行方式的变化及系统容量的增大，电力设备设计及制造工艺水平的提高，原有部分“限值”将失去实际意义。在 1999 年国际大电网会议中提出了“趋势比限值更重要”的观点，将这一观点作为状态检修策略研究的一个基点更加具有实际意义。

计划检修条件下的常规检测已在掌握设备状态方面积累了一定的经验，这是推行状态检修的有效基础。为了适应推行状态检修则必须强化常规检测。所谓“强化”就是要根据设备的原始状态、运行环境、历年状态变化趋势等因素，确定更为合理的测试周期，把在系统中处于重要地位的设备和设备的薄弱环节列为被测试的重点，列出能有效反映设备主要异常状态的重点测试项目，从改善测试环境条件、测试仪器功能、测试方法、测试人员素质等方面努力提高测试数据的可信度，在对各种测试数据进行科学的、综合分析的基础上对设备状态作出评估。

实施二次系统状态检修的关键在于：确定检修制度改革的策略、思路和具体的实施方案；制定状态检修的有关规章制度；重点明确推行状态检修工作的步骤，以及各个阶段的重点、实施状态检修的设备对象。具体体现在以下几个方面：

（1）在线监测技术是状态检修的基础。

状态检修的基础在于采用在线监测技术在运行状态下连续进行测试，因而，能及时、有效地发现设备的早期缺陷，并据此确定检修时机。在线监测技术的应用需加强与变电站新投入设备的设计、制造、运行等单位的紧密合作，考虑设备投入使用后与监测装置的统一配合，加快在线监测技术的实用化进程。

（2）设备状态分析是状态检修的核心。

状态检修关键在于通过在线监测的信息，通过相关的资料分析，把握有助于广泛掌握设备状态和设备状态变化趋势，从而制定更科学的检修策略数理统计的方法应用到状态检修中去，即通过对有关设备大量的历史资料，包括出厂试验、历次试验、检修与故障记录以及运行状况等的统计分析，对某类设备的状态作出评估，对其状态的变化趋势或规律作出预测。

可靠性评估包含的内容很广泛，大致可分为：可靠性理论基础、可靠性应用技术、可靠性管理三个方面。可靠性理论基础包括可靠性数学和可靠性物理等。前者主要是概率论和数理统计等，用于研究失效的规律及设备元件的可靠性评估；后者主要研究失效机理，探索失效的原因。可靠性应用技术包括可靠性指标的确定、系统可靠性设计、失效分析、系统可靠性试验、现场数据的收集与分析、可靠性评价与验证等。可靠性管理主要是应用系统工程的方法，将设备元件在使用过程中的整个寿命周期中的各个阶段的可靠性技术工程有效地组织并管理起来，调动各方面的人员开展可靠性活动。

可靠性评估全程可分为管理、设计、分析、理论、数据、试验和评估七个分支。可靠性工作贯穿于产品、设备、元件的设计、生产和使用各个阶段，有三个方面的任务：

1）根据可靠性定义内容，对产品可靠性提出明确量化要求；确定完成规定功能的含义，准确地制订完成规定功能的标准，对时间进行研究，如规定的时间，失效前工作时间为 t，设备元件的寿命为 T，当设备、元件寿命比规定时间长（即 $T>t$），则为认为设备元件在规定时间内能够完成规定功能。

2）努力提高寻找可靠性的途径，筛选不合格元器件，通过改建设计而达到功能增长；

3）在满足规定可靠性的前提下，尽量降低产品设备的重量、体积和费用。

设备元件的可靠性究竟要多高，这实质是一个价值判断问题，需要对诸如功能目的、时间、维修、寿命等进行综合平衡分析。建立设备状态的信息管理系统，利用这个系统逐渐实现状态检修管理工作的标准化，管理业务的程序化，数据资料的完整化和准确化，状态信息的资源共享化和综合处理化。

（3）信息有效传递是状态检修的保障。

状态检修策略的实施需要通过传输媒介将现场监测和后台分析的信息及时传递至相关人员，确保设备状态情况的及时掌握和有效处理。现场在线监测装置通过数据通信接口与后台分析系统检修中心计算机局域网络相连，检修中心通过网络能实时调用各装置所测数据，真正发挥状态检修在线监测装置的作用。变电站内主要采用光纤传输作为传输媒体，也有采用无线应用协议 WAP（Wireless Application Protocol）进行数字信号传输，此时，需要考虑传输容量及数据还原等一系列问题。

（4）技术素质提高是状态检修的关键。

随着现代科技在发电厂和变电站的广泛应用，计算机监控已经能代替人完成大部分设备的运行监视，但这些技术还是需要人去控制、操作。状态检修与纯计划检修对人员素质要求的最大不同点在于：纯计划检修要求技术人员熟练掌握一个专业面的知识即可，而状态检修要求有综合的专业知识、独立的判断能力、很强的事故处理能力，即需要一专多能型技术人才，在设备运行、设备故障处理和设备检修过程中均能够把经济损失降低到最低点，以确保设备利用率和整体效益的高起点，状态检修作为未来电力系统检修方式的发展方向更需要一专多能型的技术人才。

电力系统二次设备实现状态检修是电力系统发展的需要，随着电网微机保护和微机自动装置的自诊断技术的广泛使用，电气二次设备的状态检修无论是技术方面还是经济方面都比较容易做到。随着综合自动化系统的广泛使用，可大大减少二次设备和电缆的数量，克服目前常规保护状态监测存在的困难。设备管理信息系统在电力系统的广泛使用，为电气二次设备实现状态监测提供了信息资源支持。电力系统二次设备开展状态检修也将有助于变电站自动化及水电站自动化的发展。

3.3 继电保护状态检修的预期效果

继电保护装置是电网安全运行的“静静哨兵”，其典型的运行特征是正常时没有信号输出，在系统发生故障时动作跳闸，避免事故的扩大。依据 DL/T 995—2006《继电保护及电网安全自动装置检验条例》的要求，需要对继电保护、安全自动装置及二次回路接线进行定期检验，以确保装置元件完好、功能正常，确保回路接线及定值正确。若保护装置在两次校验之间出现故障，只有等保护装置功能失效或等下一次校验才能发现。如果这期间电力系统发生故障，失效的保护将不能正确动作。

保护装置异常是电力系统非常严重的问题，这里对于保护装置的缺陷定义为“隐性故障”，保护隐性故障的存在实际上对于电网安全运行的第一道防线构成了很大的危险。隐性故障是指一种在系统正常运行时对系统没有影响的故障，而当系统某些部分发生变化时，这种故障就会被触发造成事故的扩大，并有可能导致大面积故障的发生。隐性故障在系统正常运行时是无法发现的，但是一旦有故障发生，继电器将感受足以使其动作的电气量，这种状态下就可能会使带有隐性故障的保护系统误动作。

3.3.1 保护隐性故障分析

一、隐性故障描述

继电保护系统中的元件都有可能存在隐性故障，例如 TV、TA、接线片、I/O 接口设备、各种继电器、通信通道等。隐性故障和一般故障的差别就在于这些缺陷不会使保护立刻动作，而是当系统发生其他一些事件时才能够被监测到。

1965 年 11 月 9 日，北美电网发生了大停电事故，起因是某套保护的第Ⅲ段整定值不合适，该整定值九年没有重新核算，晚上调节移相器后造成负荷阻抗进入保护动作区，引起第Ⅲ段保护动作，最终扩展为大停电事故。1997 年纽约市因两次雷击引起一系列保护误动，包括方向保护误动，最终扩大为电网大停电事故。1995 年 12 月 14 日，爱达荷州南部地区 345kV 线路保护跳闸，同时，并行线的另一条线路保护误动跳闸，引起第三条线路过载，事故最终形成了四个“孤岛”电网，系统频率降至 58.75Hz，低频继电器切除 3000MW 负荷。

2006 年 7 月 1 日华中电网 500kV 线路嵩郑Ⅱ线 REL561 差动保护误动作，跳开嵩郑Ⅱ线郑州侧 5033、5032 断路器，10s 后嵩郑Ⅰ线 REL561 过负荷保护误动作，跳开郑州侧 5023、5022 断路器，嵩山变电站安全自动装置拒动，引起事故进一步扩大。

上述事故表明：隐性故障的最大特点，也就是最危险的地方在于它们对于系统的影响只有在电力系统处于紧急状态时才能显现出来，比如在故障发生时或者故障发生后瞬间低电压、过负荷以及其他断路器事件发生后等。如方向比较闭锁方案，故障检测器或者通信故障，都有可能导致在相邻线路故障时继电器动作使断路器错误地跳开。如图3－3所示，只要正向有故障发生，那么载波收信回路中的隐性故障就会拒绝接收闭锁信号，保护动作断路器跳闸使线路断开。

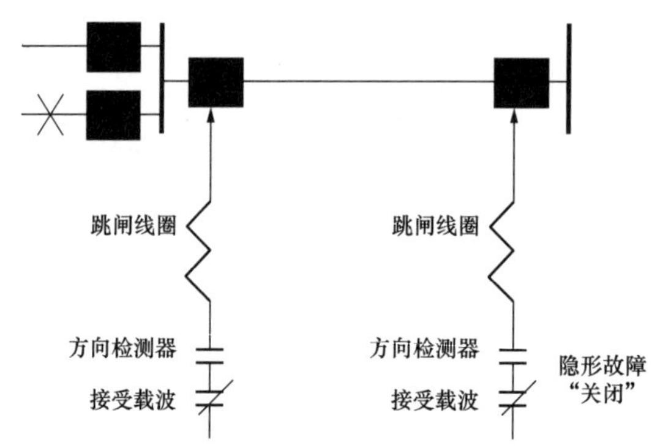

图3－3　方向比较闭锁保护隐性故障示意图

引起隐性故障的原因很多，但通常有两种情况：

（1）由保护不正确整定引起的隐性故障。

这种隐性故障可能是由于整定和校验的错误，或者整定对于系统的主要运行方式不合适所引起的。特别是当实际电网发生很大变化，而保护整定值却没有进行必要的调整，此时即使继电器正常运行，但是由于不正确的整定仍然会存在隐性故障。当然，这种隐性故障可以由继电保护人员通过保护定期校验来予以校正、控制。

（2）由设备故障引起的隐性故障。

这种故障的产生可能是由于元件失灵、或者因为环境和不正确的人为干涉引起的元件损坏等原因。这种隐性故障在任何设备上都有可能发生，通过正确的维修可以降低隐性故障的发生率。当然，太过频繁的维修也会导致隐性故障的发生。

隐性故障并不都具有同样的危害性，也不是所有的隐性故障都对电力系统有重要的影响。每个隐性故障都有其脆弱性区域，如果在脆弱性区域有非正常的事件发生（比如故障），隐性故障会使得继电器错误地断开电网中的元件，这样就会产生新的非正常状态，而在这样的状态下，又会有别的隐性故障再次暴露出来。

二、保护隐性故障的评价

通常可以用两个性能来描述隐性故障对于系统的影响程度：① 脆弱性区域；② 隐性故障影响的严重性。

如图3－4（a）显示的是沿着母线正方向的脆弱性区域。由于继电器存在隐性故障，只要当电力系统在某个范围内发生故障，带有隐性故障的继电器就会误动。所有涉及此种故障的区域就是隐性故障的脆弱性区域，如图3－4的阴影部分即是继电器的脆弱性区域。

如图3－4（b）显示的是沿着母线反方向的脆弱性区域。A侧继电器传递闭锁信号失灵时，会导致线路AB对于外部线路发生的故障失去方向性，阴影部分即为脆弱性区域。

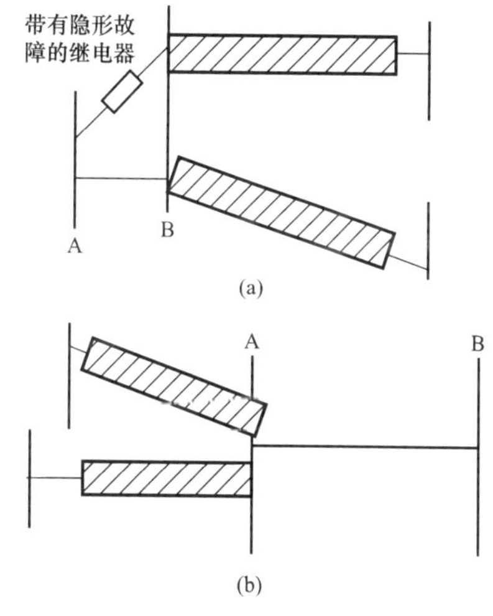

图3－4 隐性故障脆弱性区域示意图

（a）正方向；（b）反方向

在确定了带有隐性故障的继电器脆弱性区域后，需要研究隐性故障影响的重要性，决定每个区域的相对重要性，分配优先权或者灵敏性等级，可以用“脆弱性指数”来表示。测量“脆弱性指数”的方法就是看电力系统发生事故时系统的稳定性或者非稳定性。系统发生内部故障，该线路的继电器会跳闸，这是第一件事件；然后带有隐性故障的继电器误动作，结果就有两条线路断开了，这是第二件事件。可以实时执行这样的事件分析，但如果条件不允许的话，也可以提前计算连续发生两件事件的影响。通常用负载、暂态稳定性或者电压崩溃等性能来描述“脆弱性指数”。

脆弱性区域和脆弱性指数结合在一起就可以给出隐性故障导致大规模严重事故的可能性。以此为标准，列出隐性故障的危害性，就可以按顺序划分隐性故障的级别。对于最严重的隐性故障则需要进行单独的监测和控制。

三、隐性故障的监测与控制

在研究了脆弱性区域和脆弱性指数后，就可知道哪些继电器隐性故障的危害性比较大，从而可以对这些继电器采取一些措施以降低隐性故障的发生率。

如图 3－5 所示即为隐性故障的监测和控制系统，可以将它应用到变电站中以控制那些有着很高脆弱性指数的继电器。隐性故障监测控制系统接收到的输入信号与具有高脆弱性指数的继电器所接收的信号相同，事实上也就是复制该继电器的算法和功能。

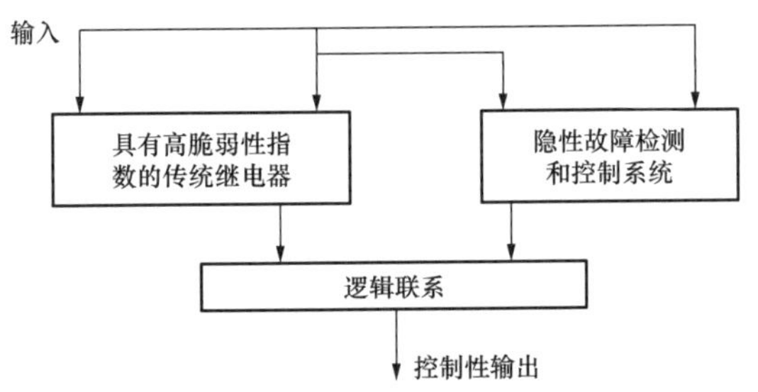

图 3－5　隐性故障的监测和控制系统示意图

隐性故障监测控制系统的输出和传统继电器的输出以一个适当的逻辑形式联系起来，用来监督传统继电器的输出。当隐性故障监测和控制系统的决策和传统继电器的决策不同时，不允许跳

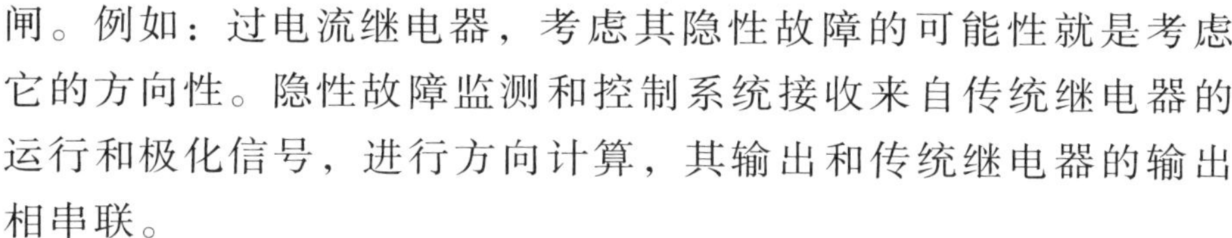

闸。例如：过电流继电器，考虑其隐性故障的可能性就是考虑它的方向性。隐性故障监测和控制系统接收来自传统继电器的运行和极化信号，进行方向计算，其输出和传统继电器的输出相串联。

3.3.2 继电保护状态检修的预期目标

从以上对于保护隐性故障分析来看，保护的隐性故障的有效监控对于电网的安全稳定运行十分重要，2003 年美加“8·13”大停电、2006 年西欧“11·4”大停电过程中均发生了后备保护在故障发展过程中重负荷情况下动作跳闸，引起系统潮流分布的进一步恶化，最终造成电网大面积停电事故。

保护系统作为电网安全稳定运行的第一道防线在电网的安全运行中起着非常重要的作用，在电网发生扰动事件后保护的动作行为将直接决定事故的影响范围及对于电网安全、稳定运行的严重程度。因此，继电保护状态检修的目标就是实现对于运行中保护状态的有效监视，评估保护抵御各种电网扰动的能力，或者说保护整定值对于电网各种不同安全运行方式的适应性。

但就保护的状态检修而言，必须满足保护装置应具备的基本功能。解决第一类保护整定值不配合引起的隐性故障比较困难，随着不间断录波技术、故障信息系统技术、保护仿真技术的应用，有可能采取有效的技术方案，实时评估保护整定值对于电网网络结构的适配性，进而判断第一类隐性故障隐患，详见第五章分析。对于解决第二类隐性故障，即保护装置本身缺陷或保护二次回路缺陷引起的隐性故障，属于状态检修的主要预期目标，重点考虑以下几个方面：

1）实现对于保护装置、二次回路、跳闸线圈的完整监视，确保整个保护系统没有监视上的“盲点”。

2）有效地记录保护装置在电网发生故障时的动作行为，保护动作正确应意味着故障过程中实现了整个保护系统的完整性、正确性检验。

3）在一次设备停电时对于断路器的操作试验可以实现保护二次回路与辅助设备的检查。

4）在装置正常运行时可以有效地记录保护装置的投停情况，异常事件及处理效果等参数，为分析保护设备的可靠性、可用率、生命周期等指标提供数据支撑。

5）同时，必须能有效地解决抗干扰问题，避免状态监视系统对于保护装置正常运行的影响。

继电保护状态检修是一种先进的设备检修管理机制，是社会生产力的发展在保护日常维修领域的具体体现，可以及时发现设备故障，依据设备的故障程度而采用不同的检修策略，并合理地安排检修时间和检修项目，使保护设备状态“可控、在控”，保证电网的安全经济运行。继电保护状态检修具有以下优点：

1）适应电力一次设备状态检修体系的推广。

2）提高保护装置异常的发现速度，有效地快速发现保护装置的异常并能准确地定位其故障点，为检修工作提供明确的目标。

3）延长保护的定检周期，由于状态检修系统能快速准确发现保护装置异常，使设备缺陷能得到及时处理；因此适用于传统运行体系下的保护“定检”周期可作适当的延长，以减少过度检修或不恰当检修造成的装置损坏和保护装置拒动、误动。

4）提高复杂保护的投入率和正确动作率，特别是关系电网稳定运行的大型稳控系统、远方切机装置以及其他类型的自动装置。

5）提高电力系统调度和运行管理水平，提高处理电力系统事故的快速反应能力，确保电力系统安全可靠供电。

3.4 小结

本章阐述了二次系统状态检修的特点，信号测量、信号预处理、信号处理、信号特征分析及分析诊断是状态检修的关键环节。描述了二次系统状态检修所采用的基本技术，分析了继电保护隐性故障特点，及保护状态检修应达到的预期效果。

第四章 继电保护状态检修必要性和可行性

4.1 继电保护状态检修的必要性分析

4.1.1 电网快速发展基本情况

近年来随着国民经济的持续发展，电力行业保持了高速发展势头，“十五”末全国220kV以上变电站已经达到2000座，“十一五”期间整个电网的规模将会是“十五”末的两倍。根据国调中心、南方电网公司、中国电科院2006年10月总结的《2005年度全国继电保护与安全自动装置运行统计情况分析》，2005年底220kV线路约5434条，330kV线路224条，500kV线路608条，按每条线路保护双重化配置计算，每条线路有四套保护，220kV及以上线路保护套数约为25000套，这里并没有计及断路器保护、失灵保护、远方跳闸等。

220kV母线4247条，330kV母线162条，500kV母线391条（主要是一个半断路器接线的母线，一般配置双母差保护），这样，母线保护约为5200套。随着“十八项”反措的执行，母线保护几乎会翻倍增加。

220kV变压器有4112台，330kV变压器有174台，500kV变压器有 386 台，变压器保护按双重化配置估算，保护套数约为 9400 套。

2005 年底全国范围 220kV 及以上系统微机保护共有 47481 套，占整个保护装置套数的 81.25%，这包含线路、变压器、发电机保护。

注意到这里仅指存量保护，为简化分析起见，假设每套保护校验所需时间为一天，依据 DL/T 995—2006《继电保护和电网安全自动装置检验规程》的规定，微机保护部分检验周期 2 ~ 3 年，全部检验周期 6 年。这样，按三年部分检验计算每年所需检验的微机保护数量约为 15000 套，按全国 35 个网、省（市）调估算，每个单位每年的 220kV 以上微机保护的检验工作量平均为 430 套/年，必须注意到这里仅仅是 220kV 及以上保护，110kV 以下电网的保护套数初步估算不少于 220kV 以上系统的 8 ~ 10 倍。每个地区整体保护部分检验的工作量估计在 3 套/天，这些工作量基本需要落实在基层供电公司，这里还不包括每年 10% ~ 20% 的增量保护。按每套保护校验 2 ~ 3 人估算，每个基层单位必须有 6 ~ 9 个保护专业人员每天进行常规的保护校验，同时，必须要求一次设备配合停电进行保护校验，因此，按照规定的检验周期要求完成保护校验是极其困难的。

因此，按 DL/T 995—2006《继电保护和电网安全自动装置检验规程》的要求完成保护检验任务几乎是根本不可能的，这样带来的最大问题就是不能有效地掌握电网中实际保护的运行状态，确保保护装置能在电网运行中发挥必要的作用。同时，在实际保护定期校验的过程中经常发生因人为失误引起的保护误动事件，根据《2005 年度全国继电保护与安全自动装置运行统计情况分析》所统计的保护不正确动作事件中，2001 ~ 2005 年度继电保护人员责任事故占全部保护不正确动作的比例一直维持在 26% ~ 29%；另外，在实际校验过程中也经常发生保护装置损坏现象。

4.1.2 电力设备可靠性指标的要求

在电力系统“创一流”活动中明确提出了如下可靠性指标：

用户的供电可靠性 RS1 指标 ≥ 99.98%（年停电小时数 ≤ 1.75h）；

输变电设备可用率 ≥ 90% ~ 95%（年停电小时数 ≤ 87.6 ~ 43.8）。

这对于设备的年度总停电时间做出了严格的规定，根据全国供电可靠性指标统计数据，计划检修占停电时间的 80% 以上，因此，为提高供电可靠性，需要压缩设备年均检修所需要的时间。

DL/T 837—2003《输变电设施可靠性评价规程》对于输变电设备（线路、变压器、断路器、母线等）的可靠性指标提出了系统性的要求。规程中将设备状态分为：使用状态分为可用状态和不可用状态，详细状态划分见图 4－1。

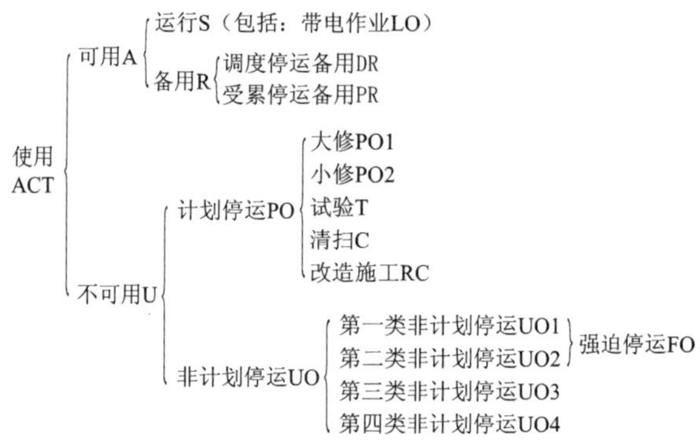

图 4－1　输变电设备的状态划分

这里所需关心的主要是设备的可用率，其中可用系数的计算方法如下：

$$\text{可用系数} = AF = \frac{\sum \text{可用小时}\ AH}{\sum \text{统计期间小时}\ PH} \times 100\%$$

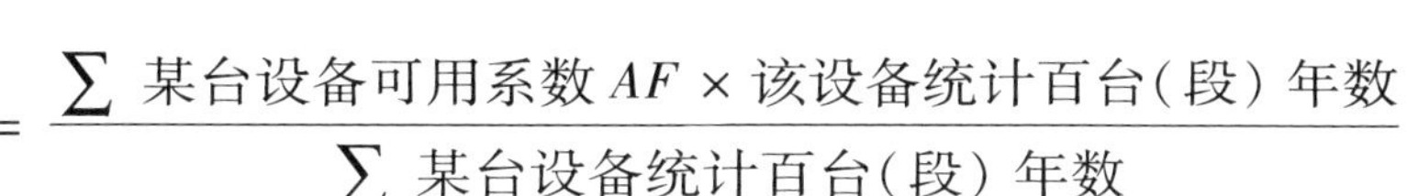

$$= \frac{\sum \text{某台设备可用系数} AF \times \text{该设备统计百台(段)年数}}{\sum \text{某台设备统计百台(段)年数}} \times 100\% \qquad (4-1)$$

与保护检修相关的最主要输变电设备的可用率指标是线路、变压器、断路器，根据中电联2006年度的可靠性指标报告，全国范围内220kV及以上电压等级的变压器、断路器和架空线的指标见表4-1。

表4-1　220kV及以上电压等级的变压器、断路器和架空线的指标

	电压等级（kV）	变压器可用系数（%）	架空线可用系数（%）	断路器可用系数（%）
全国	220	99.489	99.465	99.744
	330	99.061	98.824	99.307
	500	99.444	98.994	99.502
平均		99.331	99.094	99.518

注：断路器、变压器百台·年，线路百公里·年。

从表4-1可以看出，一次设备的可靠性指标已经相当高，以架空线路的可用系数为例，平均停电天数为3.3天/百km，实际上由于电网的快速发展许多线路实际长度远小于100km，线路的停电时间是十分有限的。

由于可靠性指标在电力行业的同业对标工作中作为重要的对标指标，因而运行单位对于一次设备的停电时间控制越来越严格，而一般保护的常规检验是跟随一次设备停电的安排进行，因此，客观上要求保护的检验不能影响一次设备的可靠性指标。

4.1.3　微机保护本身的技术特点

目前微机保护装置已经成为主流产品，根据《2005年度全国继电保护与安全自动装置运行统计情况分析》的结论，微机保护在实际系统的应用中已经超过了80%，微机保护装置自身具有其强大自检功能，保护装置异常时能发出告警信息，提醒运行人员，只要保护不发告警信号，原则上装置本身就应该是完好的。但是，大部分保护只能做到功能自检，如模数转换、开关量输入/输出、存储功能、通信功能等，还不能定位到芯片和器件。

变电站内电磁污染严重，保护装置中采用了大量微电子元件、CPU、I/O接口、A/D转换、存储器等弱电模块，容易老化，抗干扰能力差，对电磁干扰敏感。电磁波干扰有可能造成采样信号失真、自动装置异常、保护误动或拒动、甚至元件损坏。

保护装置内部任何一个部件出现异常，将会影响保护装置的正常工作，如果不及时发现，可能导致保护的误动或拒动。此外，保护的自动测试手段相对落后，保护的测试和试验均需从端子加入电气量，对于二次回路的自检功能几乎没有。

由于继电保护属于开环系统，从电气量的采集、数据处理、逻辑判断、跳闸出口基本上是串联运行，只有动作出口才能验证整个保护系统的性能，长期以来作为继电保护行业内的一条基本原则就是任一元件损坏不能动作跳闸。因此，必须采用状态监控的方法实现闭环监视，有效地监测不能实现自诊断的环节，确保保护装置始终处于正常运行状态。

然而，作为典型电子型装置的保护设备却从来没有平均无故障时间MTBF（Mean Time Between Failures）指标体系，看起来似乎是很奇怪的事，这种状况确实延续了许多年，迄今没有一家保护设备制造商可以提供MTBF指标，或者说国内从来没有从可靠性的视角提出对于电网安全运行攸关的保护可靠性评价指标体系，没有详细运行数据支撑对于具体型号保护装置运行情况的分析，仅仅一个动作正确率是无法涵盖对于保护装置运行情况的客观评价。

因此，保护状态检修技术的应用将有助于逐步建立对于各种保

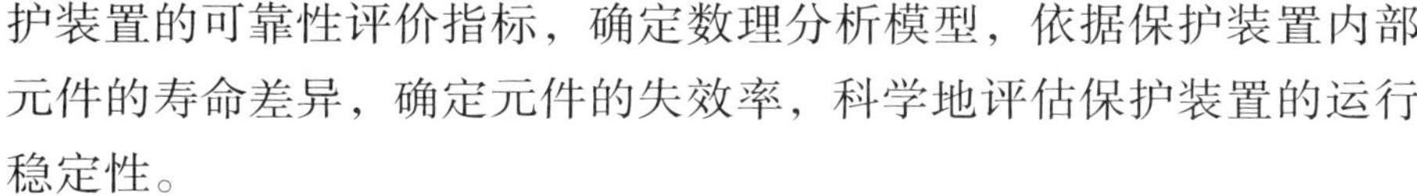

护装置的可靠性评价指标，确定数理分析模型，依据保护装置内部元件的寿命差异，确定元件的失效率，科学地评估保护装置的运行稳定性。

4.1.4 计划检修管理体制的主要问题

在计划检修体制下常规的保护校验方法就是用试验仪器通入电流、电压，检验保护动作特性是否满足应用要求，这种校验模式下，每次校验均会使保护装置反复动作，如每次校验距离第三段动作特性保护装置的动作次数有可能会达到数百余次，实际上继电器动作次数有其设计、制造方面的寿命局限，因此，常规的保护检验会在一定程度上影响保护装置的使用寿命。

保护装置中有大量的微电子元件，鉴于现场试验技术人员的实际水平参差不齐，对于保护装置的硬件、软件判断能力有差异，试验方法不当会产生静电引起保护装置的元器件损坏。

常规计划检修体制基本原则就是："到期必修，周而复始"，往往检修项目主次不突出，重点不明确。计划检修时间是确定的，不管设备状况好坏，缺陷大小都要修，没有任何灵活的余地，在常规的检修制度体系下容易使设备管理人员思维僵化、不求进取。不利于设备的科学管理，不利调动技术管理人员参与科学管理的积极性。

计划检修针对性不强，盲目性检修过多，降低了设备使用率。在计划检修制度下，一方面会造成设备该修的得不到及时处理，使大量的一般缺陷扩大成事故；另一方面，也有大量运行状况良好的设备到期必须检修，造成不应有的浪费。这种被动的管理，淡化了设备管理人员的责任，设备出了问题，往"设备事故"或"产品质量问题"身上一推了之。既浪费了大量的人力、物力，又无谓地增加了检修费用支出。

因此，对电气二次设备实行更先进、更科学的管理和检修体制，无论从电力企业自身的利益还是从电网安全运行的要求出发，发展和实施状态检修都势在必行。微电子技术、计算机技术、通信技术的发展使得电气二次设备状态检修已经成为可能。开展保护装置的状态检修是电网、经济发展的必然要求，保护装置定期检验是为了确保设备的安全、可靠运行；而根据保护装置的状态进行检修可以有效地减少设备的检修停电，提高供电可靠性，开展保护装置的状态监测和分析，可以有针对性的检修，提高保护装置的可用率。

4.2 继电保护状态检修的可行性分析

4.2.1 保护自检功能的实现

20 世纪 90 年代以来随着微机保护应用技术的迅速发展，保护装置本身具备了很强的自检功能，微机保护由于是通过编程的手段实现保护的基本功能，因此，从计算机应用技术的角度出发只要软件的版本号确定，微机保护的动作特性是确定的，不像以往的静态型继电器随着元器件特性的变化，保护的动作特性、整定值会偏离预计值，需要通过定期校验的手段进行调整。微机保护理论上可以实现对于逆变电源，电流、电压输出回路，采样数据合理性校验，以及保护定值的完整性，保护的输入/输出接点，保护的数据通信环节，保护执行回路可靠性的监视等。

由此不难看出，常规静态型保护装置需要经过定期校验完成保护装置性能检测项目，大多可以通过微机保护本身的自检功能实现，因此，基于微电子技术和现代信息技术的微机保护装置本身已具备了实现状态检修的基础。

4.2.2 保护二次回路分析

虽然，数字式保护装置本身具备状态监视的基础，但作为电网安全屏障的继电保护除装置本身，还包含交流输入、直流回路、操作控制回路等，状态检修范畴如果仅仅局限在保护装置本身将很难有实施推广的价值，对于保护的状态检修必须作为一个系统性的问题来考虑，或者说状态检修如果能包含交流输入、直流回路、操作回路等构成整个保护系统的各个环节，这样，才可能避免状态监视出现“盲点”，使保护状态检修技术有可能在实际应用中得到推广。

保护装置电气二次回路是由若干继电器和连接各个设备的电缆所组成，点多、分散，电气二次操作回路是对电气一次设备进行操作控制的电路，是继电保护的一个重要组成部分。在继电保护设备要求进行状态检修的情况下，作为继电保护出口控制、目前普遍应用的操作回路一般不具备自检、在线监测、数据远传等功能。就保护设备实行状态检修而言，现有的二次控制回路操作箱达不到要求。因此，要通过在线监测技术完整实现继电器接点的状况、回路接线等的有效监视比较困难，这可能是保护状态检修迟迟未能有效推进的主要原因之一。

继电保护设备状态检修的重要技术就是在设备状态特征量的采集上不能有“盲区”，由于保护系统主要由交流输入、直流回路、操作控制回路等环节组成，实现状态检修的基础就是必须有效地将保护系统所需监视的各个环节进行合理的划分，随着软、硬件技术的发展，平台技术已经在保护的设计制造中得到逐步应用，尤其是国外数字化保护其设计理念是基于平台化技术，进口保护所具有可编程逻辑的 PLC 功能使得保护的应用范畴可以适当拓展到装置以外的回路中去，这为拓展保护系统相关回路的监视提供了可能。

微电子技术、计算机技术的发展使得可编程逻辑 PLC 技术已经得到了广泛的应用，这种技术的采用使得以往用硬件方式实现的操作箱回路可以通过软件编程实现，这样，保护系统中的重要环节操作箱就具备了智能化的基础，或者说可以有效地通过操作箱的智能化延伸保护装置的自检范畴。如美国 SEL 提供的数字仿真式继电保护平台可以有效地设计微机操作箱，在实际系统应用中，成功解决了电气二次回路状态检修问题，为实现保护系统完整的状态监测提供了一种可借鉴的模式，这在第七章中有详细描述。

以往保护实现状态检修比较困难的地方主要是对于跳闸回路或连接片（压板）状态的检测，曾经有过国内制造商采取正常时对连接片上端施加电位的方式实现对于跳闸回路的监视，这样带来的最大问题就是，由于正常情况下保护的连接片应该是不带电的，具有跳闸回路监视功能的压板状态与正常的压板状态不一致，或者说这种方法的“破坏”了常规保护的应用理念，并且对于保护回路的安全运行构成了一种安全隐患。最终，这种模式没有得到用户的认同。

随着“无损”检测技术的成熟，可以采取“无损”检测技术实现对于跳闸连接片的有效监视，并采用现场总线网络通信技术，实现对于变电站内保护跳闸压板监视信息的实时监视。这样，实际上达到了操作箱引出的保护跳闸二次回路的在线监视。实现对于保护系统的完整性监视，有效地解决以往的保护监视“盲点”。

因此，保护装置本身及相关回路的监测和诊断已具备实现的可能，保护装置检修决策的确定具有了可靠的技术基础。同时，电气设备状态检修其概念上的合理性和技术上的可实现性，使保护实行状态检修模式具有极强的示范效应，检修效率提高和设备可靠性的提升，将能有效地提高设备的安全性和可用率，适应电力系统安全稳定运行需要。

保护的状态监测将有助于对设备的运行情况、缺陷故障情况、历次检修试验记录等实现有效的管理和信息共享，并为设备运行状况的分析提供可靠的信息基础，有助于合理地制定设备的检修策略，提高保护装置的可用率，为电网的安全运行提供坚实的基础。

4.2.3 断路器状态及 TA、TV 监视

（1）断路器状态监视。

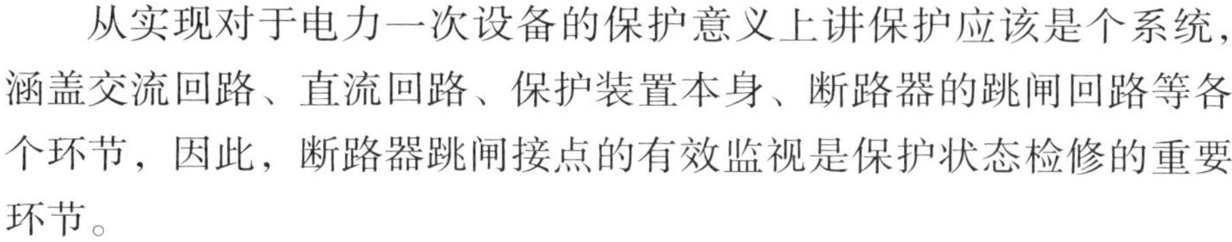

从实现对于电力一次设备的保护意义上讲保护应该是个系统，涵盖交流回路、直流回路、保护装置本身、断路器的跳闸回路等各个环节，因此，断路器跳闸接点的有效监视是保护状态检修的重要环节。

对于断路器接点的监视主要是常开、常闭接点（52A、52B），正常情况下 52A 与 52B 处于相反状态，一旦 52A 与 52B 处于同样状态，就表示断路器有可能处于异常状态。如果 52A 与 52B 同时断开，则表示：① 辅助接点或二次回路有缺陷，② 断路器有缺陷，③ 断路器处于隔离状态；如果 52A 与 52B 同时闭合，则表示：① 辅助接点或二次回路有缺陷，② 断路器有缺陷。

出现上述情况后应在一定延时后予以报警，延时的作用是避免断路器正常操作时误报警。对于断路器报警的功能实现可以通过可编程逻辑功能实现，当用于单相重合闸逻辑时需要引入断路器分相断开/闭合信号，即 52A－a，52A－b，52A－c，52B－a，52B－b，52B－c 以构成断路器状态异常报警逻辑。

常规的断路器例行维护需要确保跳、合闸回路正确，操作机构正常，断路器的遮断容量满足系统要求，这种维修模式仅能给予断路器大致的检修指导，并且很大程度上会产生过度维修。由于保护记录了每次断路器动作的情况，因此，有可能更准确地评估断路器的状态，并基于断路器的状态提供检修指导意见。

（2）电压回路监视。

对于电压回路的异常监视体现在以下三个环节（图 4－2）：

1）单相或两相电压失却：通过检测零序电压时没有零序和负序电流，表明电压回路有故障，在电网发生故障时，电压回路的稳定工作通过检测零序或负序电流实现，当任何一相电流超过额定电流一定倍数时闭锁电压回路监测功能。

2）在正常负荷情况下三相电压失却：无法检测零序电压，因此，无法启动电压回路监测功能，在这种情况下依据电流的变化量启动电压回路监测功能，因为电流表示系统有故障，即三相电压失却后电流与失却前的电流进行数值比较，正常情况下，电流变化量应该接近于零。

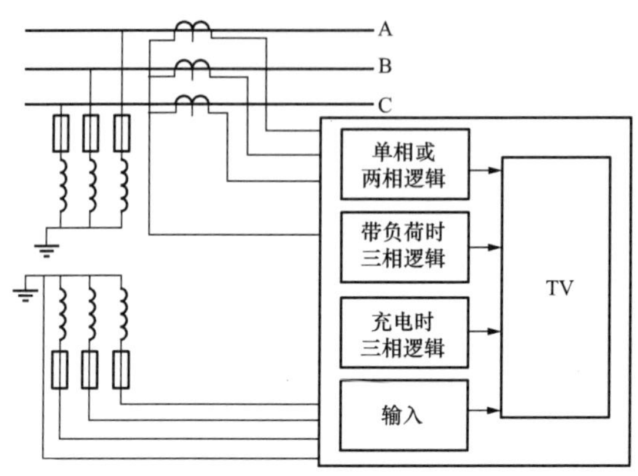

图 4－2　电压回路监视示意图

3）线路充电时三相电压失却：线路充电时三相电压失却可能由两个原因引起，其一是 TV 回路有故障，其二是合于近区故障；对于上述两种状态充电前后电流均会有所变化，第一种情况需要闭锁保护，第二种情况需要加速跳闸。因此，在这种情况下需要用过电流检测器协同工作，过电流监测器的电流设定值需大于充电电流、变压器的涌流等，但小于线路出口近区故障的故障电流。

（3）电流回路监视功能。

由于电流回路断线会引起保护误动作，因此，电流监视回路必须检测电流回路的异常情况，主要原理是在没有零序电压的情况下监测到零序电流，表明电流回路异常。由于电压互感器的联结必须反映一次侧的零序电压，因此，对于变压器必须是三相五柱式或一次侧接地的变压器，采取延时告警、瞬时闭锁逻辑，见

图 4－3。

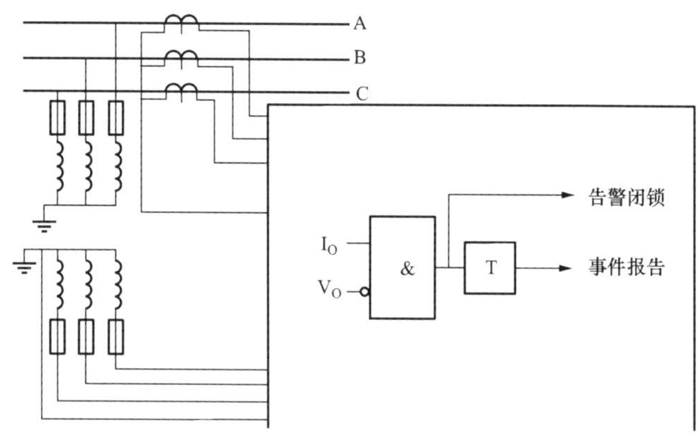

图 4－3 电流回路监视示意图

4.3 保护状态检修实施的必要前提

4.3.1 需解决的关键问题

虽然，数字式保护装置本身具备状态检修的实施基础，但是，继电保护除装置本身外，还包含交流输入、直流回路、操作控制回路等。保护系统是一个串联系统，其中任何一个环节出现故障都将导致整个系统失去其应有的保护功能。因此，实施保护设备状态检修应监测：交流测量系统，包括 TA、TV 二次回路绝缘良好、回路完整，测量元件的完好；直流系统，包括直流动力、操作及信号回路绝缘良好、回路完整；逻辑判断系统：包括硬件逻辑判断回路和软件功能。

电气二次操作回路是对电气一次设备进行操作控制的电路，是继电保护的一个重要组成部分。在继电保护设备要求进行状态检修的情况下，作为继电保护出口控制回路操作箱均采用硬件式结构，即由继电器直接在220V（或110V）直流强电回路中通过二次线联接而成，接线繁杂，不具备自检、在线监测、数据远传等功能。虽然在综自站中该回路一部分硬接点可通过综自设备（如测控单元）进行上传监控，但要求二次回路继电器输出接点增多，使接线复杂化，可靠性下降，同时联接电缆也增多。

因此，保护装置本身容易实现状态监测，但由于电气二次回路是由若干继电器和连接各个设备的电缆所组成，要通过在线监测继电器触点的状况、回路接线的正确性、跳闸线圈的状况等需要解决一系列技术难点。

作为电网二次系统的保护状态检修必须考虑与一次系统检修周期的衔接，比较理想的模式就是在一次设备停电检修时，通过比较合适的检修方式完成对于保护相关回路的通电检查，并适时进行相关回路、接点的防静电、防爬电的技术处理。确保一次设备完成检修的同时，完成保护系统的测试检查。

实现保护状态检修实际上意味着可以有效地获取保护正常运行、异常停役、事故跳闸、检修等一系列保护装置的关键信息，对于这些信息的分析和积累将有助于形成保护设备生命周期内的可靠性指标，为科学、合理地评价不同制造厂家的保护装置性能提供有力的数据支撑。

实现保护状态检修意味着需要逐步建立对于保护装置的可靠性指标评价体系，在可靠性评价体系的基础上确定保护的检修策略，建立全寿命周期管理的理念，减少不必要的无谓检修，提高设备的运行效率。

因此，保护状态检修必须重点关注以下问题：

1）划分保护系统的各个环节，确保没有监视上的“盲点”；

2）建立以保护动作记录作为验证保护特性的应用理念；

3）将对于保护的检验重点从定值复核、保护功能逻辑的确认上转移至回路与辅助设备的检查；

4）通过程序化自动测试的测试手段将保护的检验尽量配合断路器检修时实现，减少人为因素对校验的影响；

5）要特别关注微机保护的抗干扰问题，尤其是开关站的就地保护；

6）状态检修技术的实现以不影响保护的基本应用为基础前提；

7）建立基于状态检修的数据库，分析保护设备的可靠性、可用率、生命周期等关键指标。

8）优化、合理制定检修策略，确定基于可靠性指标的指导检修策略。

目前尚没有形成系统的设备生命全过程管理是制约实现状态检修的主要因素之一，保护设计原理的合理性、制造工艺的科学性、出厂和安装质量的保证，将直接影响到保护设备是否存在“先天不足”及运行后的潜伏性故障；故障处理的正确性，表现为能否将故障的危害性遏制在最小范围内。上述几个方面都有可能给状态检修带来不必要的工作量和整个系统的不安全因素。

另外，管理机制、检修策略的不同观点，目前支撑保护状态检修监测技术手段还不能完整地、真实地反映运行中保护的状态，是保护状态检修工作难以推进的另一主要原因。

2007 年国网公司要求浙江省电力公司开展状态检修应用研究，提出基于状态检修技术设备评估管理办法，这意味着国网公司已充分认识到状态检修对于电网安全稳定运行的必要性。同时，说明对于现行保护的检验方法的改进是适应保护状态检修的必然举措。

尽管现代监测技术日新月异，对于保护状态检修所采用的监测技术应考虑设备长期处于电力系统这样一个强大的电场和磁场之中，加之环境温度和湿度的影响、抗干扰性等问题，有可能使得监测过程中各种干扰的不能排除性等，成为制约状态检修发展不可忽视的因素。

4.3.2 保护状态检修的技术路线

随着电网自动化水平的提高和改进二次设备检修方式的需要，需要为设备检修提供一个高效、智能化的自动决策环境。保护状态检修是一个长期的，将要融入日常运行维护的工作，因此，有必要采取由部分设备和项目的实施，继而进行扩大推广、逐步实施的工作计划。

实施保护状态检修需要制定状态检修组织体系、确定状态检修工作流程、健全保护基础资料、实现保护状态评估、开展状态检修培训、规范现场标准化作业。

具体可以从以下几个方面进行：

1）对于保护状态的实施先试点，积累经验以证明其方案的有效性；

2）根据状态检修的结果，修改保护检修管理规定，从检修体制上确保状态检修技术应用的推进；

3）以状态检修理念实现操作箱智能化，逐步更换不具备智能化功能的操作箱；

4）建立基于可靠性理论的保护状态检修评价指标体系；

5）建立保护状态监视数据库，从全寿命周期的视角分析保护可靠性性能指标；

6）推广具有状态检修功能的保护；

7）根据状态检修所采集的信息，增加保护预警功能；

8）逐步推进数字化变电站技术。

4.3.3 建立保护状态检修的评估体系

建立保护状态检修评估体系就是要从监测量中提取可以量化反映保护可用性的指标或劣化指标，如异常、障碍、影响范围等，并根据其对于保护正常应用的影响程度确定需要处理的措施。因此，对于保护监测信息的评估可以从信息来源、信息重要性等级、信息的时间要素等维度进行系统性地评估。其中关键之一就是需要保护制造商对于告警信息输出及经数据口输出的信息要进行分类定义。对于信息的定义可以从作用、应用对象等分为：运行信息、状态信息、事件信息、动作信息、异常信息、定值信息等。在此基础上，采取数理模型和分析工具，分析数据、评估设备状态，确定检修策略。

（一）建立基于专家系统理论的保护状态评价体系

专家系统基本构成是知识 + 推理的智能计算机程序，其中专家系统知识库是专家系统的核心知识的来源，知识库的维护、完整性和一致性、自动知识获取功能，从错误和失败中归纳总结经验，修改和扩充知识库，将直接决定专家系统的效用。启发性知识一般以规则的形式表达，专家系统的推理机具有正向推理：数据驱动型、前件匹配推理。从知识库寻找匹配的规则后向推理：目标驱动型、后件匹配推理。先提出假设性结论，寻找支持该结论的证据混合推理。

1）基于规则的专家系统可实现状态量的推理，确定设备的状态。

2）基于统计理论和曲线拟合的数据预测，采用神经网络分析进行保护状态的故障判别。

3）基于模糊运算的设备状态综合分析。

4）基于规则专家系统提出状态检修周期。

（二）引入风险度评估概念

度量风险的方法有许多，包括对风险的影响直接估计如损失额，对风险事件发生的概率的估计，以及二者的结合如数学期望值等。用损失额来量度风险通常用在人们对损失发生的可能有一些假定的情况下。或者就是在许多情况下，人们只需要了解可能发生的最大的损失额，即最大可能的损失 MPL。应当注意的一点是，最大可能的损失实际上有两个不同的含义，在英文中的表达分别是 Maximum Possible Loss 和 Maximum Probable Loss。前者是指在最坏情况下的总损失，而后者是指在某一个风险因素的作用下最可能发生的损失。

风险发生概率的估计作为对风险的度量通常是用在人们对风险造成的后果有了一定假设的情况。用数学期望值来表示风险一般用在损失概率和可能的损失额较为稳定或者说波动性比较小的情况下。

（1）损失期望值法。

这种方法首先要分析和估计风险概率和风险可能带来的损失（或收益）大小，然后将二者相乘求出风险的损失（或收益）期望值，并使用损失期望值（或收益）去度量风险。

（2）模拟仿真法。

模拟仿真法是用数学模拟或者系统法模型去分析和度量风险的方法，大多数这种风险度量的方法使用蒙特卡罗方法（Monte Carlo Method）或三角模拟分析法。这种方法可用来度量各种能量化的风险，通过改变参数并多次模拟风险以后就能得到模拟仿真计算的统计分布结果，并可以此作为风险度量的结果。

（3）专家决策法。

在风险度量中最为经常使用的方法还有专家决策法，一般可以代替或者辅助上面所讲过的数学计算和仿真的方法。如，运用专家经验做出的风险度量通常是很准确可靠的，因为专家的经验通常是一种比较可靠的依据。另外，在很多风险度量中之要求给出高、中、低三种风险概率和几种风险损失不同严重程度的数据，而且精确程度一般要求并不高，所以，使用专家决策法做出的风险度量结果一般是足够准确和可靠的。专家决策法中用的专家经验可以从搞过类似的专家处获得，也可以通过查阅历史有关经验教训、原始资料等方法获得。

4.4 小结

本章系统性地分析了继电保护状态检修的必要性和可行性，提出了实现继电保护状态检修应解决的关键问题，影响继电保护状态检修实施的主要障碍，提出了推广继电保护状态检修技术路线及建立保护状态检修评估体系的建议。

第五章 继电保护状态检修实现技术

5.1 保护状态检修方案的针对性和适应性

状态检修的主要内容在于：① 收集信息；② 综合分析；③ 评估设备状态。目前保护装置的跳闸大多数通过操作箱实现，而操作箱本身并不具备状态检修功能，同时，变电站还大量使用二次电缆，对于跳闸线圈基本无有效的方法监视，因此，继电保护的状态检修必须针对目前保护的应用情况，研制合适的技术方案。

定期检修与状态检修情况比较见表 5－1。

表 5－1　　定期检修与状态检修的性能比较

检验内容	微机保护定期检修与状态检修比较		
	定期检修（3～6 年）		状态监测
	方法	目的	方法
绝缘测量	绝缘电阻表	防止二次回路绝缘降低或寄生回路引起保护拒动、误动	智能设备遥测显示、异常告警报文
逆变电源	万用表直接测量	防止电源电压异常影响保护装置正常工作	保护装置自检报警，遥信告警

续表

	微机保护定期检修与状态检修比较		
检验内容	定期检修（3~6年）		状态监测
	方法	目的	方法
固化的程序	掉电试验	防止装置掉电引起定值异常	在线调取，异常告警
数据采集系统	加载试验电流、电压	模拟量通道精度和平衡度检查	在线调取，异常告警
开关量	通过试验检查开入、开出	防止开入、开出异常引起保护误动、拒动	在线调取，异常告警
定值单	核对保护运行定值单	防止误整定	在线调取，实时评估
整组检验	在运行定值下模拟各种故障	检验保护动作行为	在线监测、综合分析
一次电流、电压试验	输入保护电流、电压大小、相位及极性	检查交流回路接线正确性	在线监测、异常告警
优点	试验方法、结果真实可信、试验项目齐全		可以及时发现问题，并能定位故障点；方法简单、安全、可靠
缺点	试验过程复杂、试验方法不当可能引起其他保护误动；检修周期内保护异常不能发现		必须经过一次保护新投产检验，必须检查数据库系统数据正确

从表5－1中可以清晰地看出定期检修和状态检修在实现方法上的差异，若状态检修取代定期检修，意味着定期检修的主要目的必须由状态检修的技术实现，或者说状态监测技术必须能有效地解决定期检修所需解决的主要问题。

同时，由于保护二次回路上配置上的差异，状态检修技术的实现必须对于这种差异具有技术上的适应性。不同的现场二次回路的差异性往往比较大，例如图 5－1 中如果不使用继电器 TWJ 把电路修改成图 5－2 也可以实现原理功能。

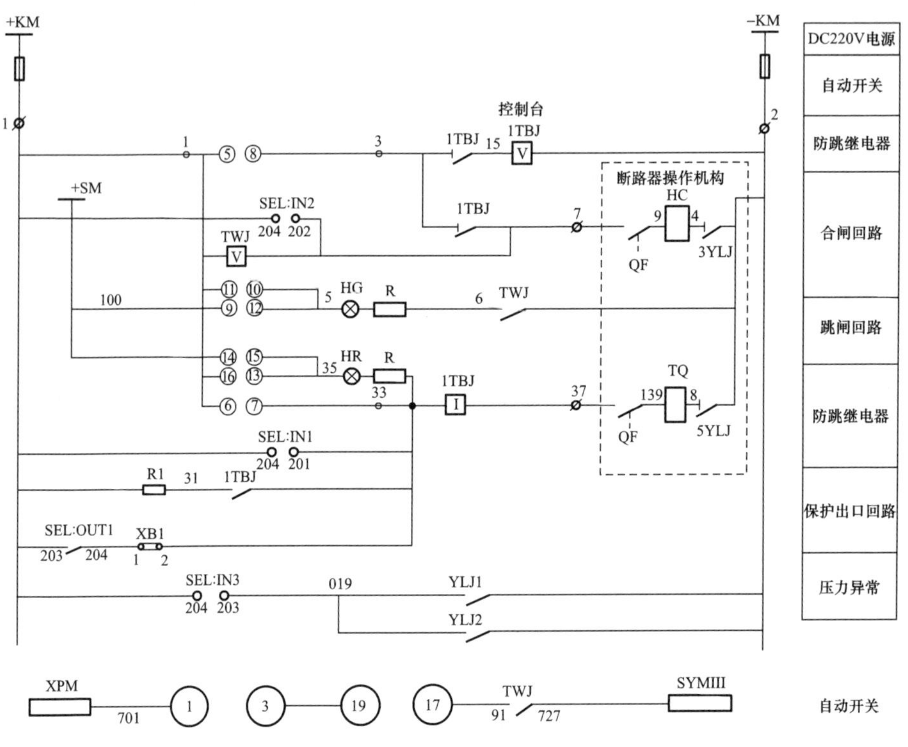

图 5－1　现场跳闸回路示意图 1

因此，保护状态检修的实施必须结合现场的实际情况，制定符合现场运行特征的实施方案，在实施方案的确定过程中必须充分考虑上一章所提出的关键问题，或者说在有效划分保护环节的基础上，分析继电保护状态检修的“关键路径”，针对“关键路径”的特点确定针对性的解决方案，方案的有效性应主要以涵盖计划检修的实现目标为依据。

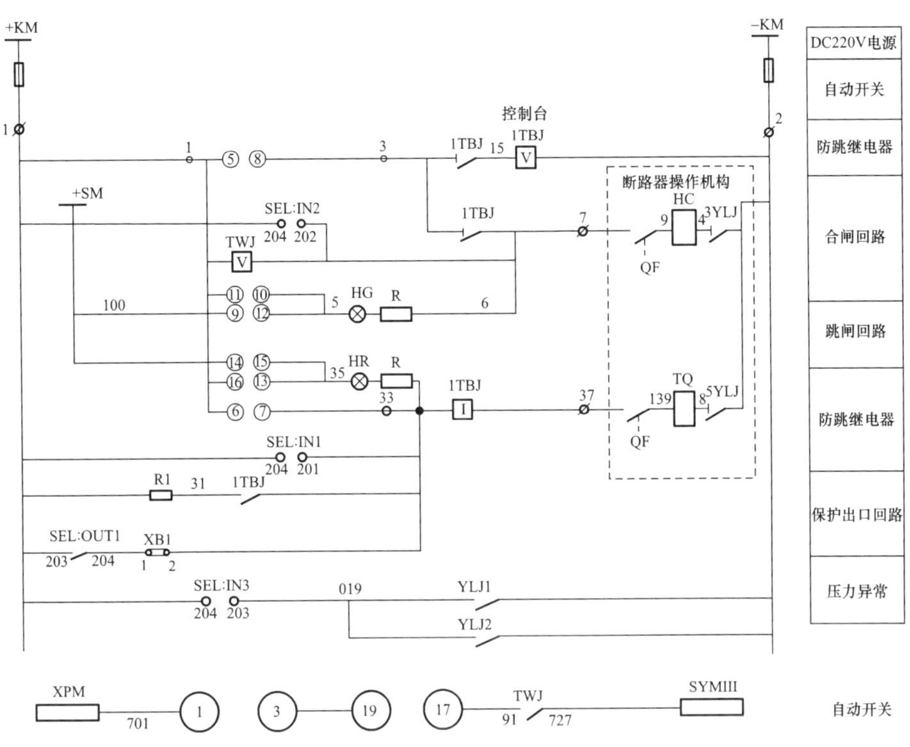

图5-2 现场跳闸回路示意图2

5.2 保护状态监视系统结构和功能组成

一、系统基本结构和功能

（一）基本结构

保护状态监视系统基本由三部分组成：① 监视信息集成分析系统，决策支持系统；② 保护及相关环节的接口监视设备，信息采集系统；③ 接口设备与分析系统之间信息传递的通信媒介，信息传输系统。系统结构示意图见5-3。

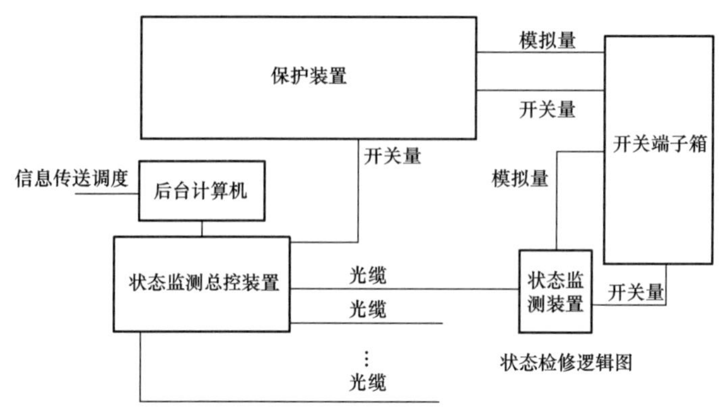

图 5－3 保护状态检修系统结构示意图

（二）系统功能组成

信息采集功能主要实现保护装置、相关回路、跳闸线圈等关键信息的采集，这是状态检修系统实现应用的基础；信息传输系统为抗干扰起见一般应采用光纤作为媒介；信息集成分析系统主要进行数据处理和分析，其基本应用如：① 保护连接片管理，在保护连接片变位时有变位报文。② 保护定值的管理，可实时核对保护运行定值。③ 保护采样值的管理，可以人工调取采样值，显示保护的二次电流、电压大小以及各相的相位角、电流与电压的相位角、功率方向；差动保护的各侧电流的相互相位角以及值的大小、差动电流的值等。④ 保护自检报警，保护装置的硬件异常告警等。⑤ 故障报警，一次设备故障时，保护主动向监控主站上传故障报文，说明故障时间、故障类性、故障相别、故障范围。⑥ 保护动作报警，保护装置对电网故障反应的故障报文和报警报文。⑦ 保护装置操作回路异常告警，如控制回路异常、储能回路异常、储能设备异常等报文。

高级应用主要体现专家系统的功能，在后台系统中经过信息处理分析，完成保护次设备状态信息提取，再利用故障诊断专家系统对于设备状态进行分析判断处理，设备诊断专家系统是状态检修系统中的关键，以设备状态监测信息为基础，利用专家库的领域知识和经验，提取反映保护设备运行状态的自检信息，通过模拟专家的思维决策过程对信息进行推理和判断，判断设备是否存在故障、确定故障的原因、位置和性质，得出分析结论指导检修运行。

状态检修后台分析系统总体功能分为两大部分：① 基本功能（报警处理）；② 高级应用功能（专家系统）。见图5－4。

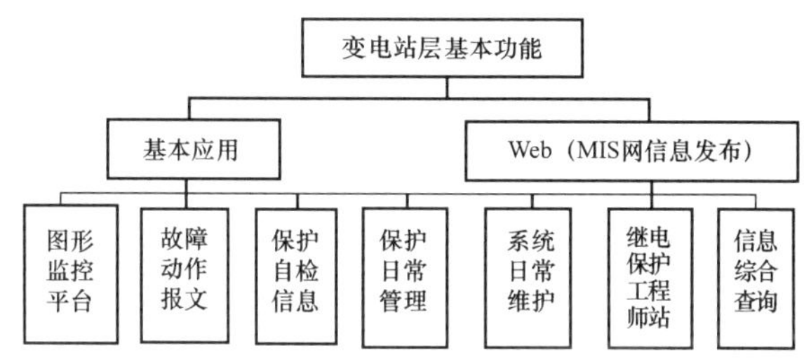

图5－4 状态检修后台分析系统示意图

功能实现方式上应尽量采取可视化技术、人性化多功能设计理念：

1）实时显示及传送保护各种运行状态及数据，便于当地及远方巡检；

2）记录内部各元件动作行为和录波数据；

3）具有可视化元件保护逻辑图。

（三）状态检修的工作流程

故障诊断信息的方法，应结合数学工具的应用，把大量的信息融合结合历史数据进行综合诊断，以提高诊断的准确性。状态监视后台系统对于所监视的设备诊断流程见图5－5，主要有报警信息处理和专家分析系统两个部分。

（1）报警信息处理。

状态检修后台系统主站根据报警信息类型把实时信息进行分类处理，结合历史信息以及设备运行情况，综合评价保护健康水平，分析实时报警信息的可信程度，确认设备是否处于异常状态。

（2）专家分析系统。

根据保护装置的报警信息以及其他相关设备的信息，利用推理规则进行推理分析，同时再由运行人员的经验推断来诊断保护装置可能的异常。

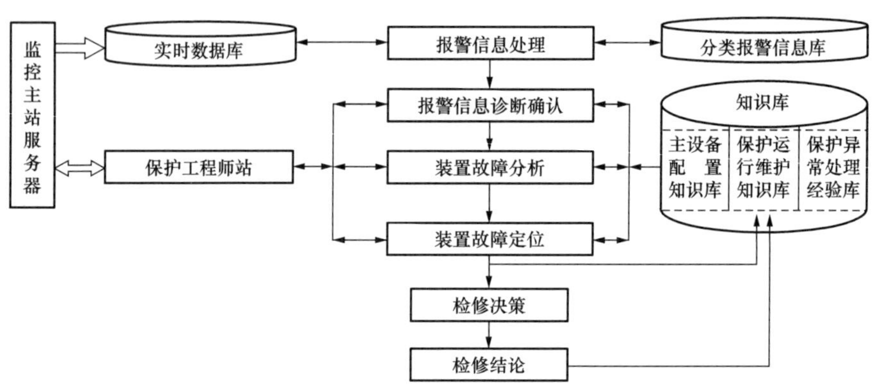

图 5-5　保护状态检修系统诊断流程示意图

支撑专家系统的规则库需要大量的规则，作为故障诊断推理的依据，如：

a）同一厂站一半以上二次设备，不同类型报文在主站或厂站产生的时间 <100ms 为厂站系统复位启动。

b）同一厂站同一保护装置Ⅰ、Ⅱ或Ⅲ段保护动作、重合闸动作报文在主站或厂站产生的时间 <10ms 为厂站误发报文。

c）同一厂站同一开关动作、复归报文在主站或厂站产生的时间 <100ms 为厂站误发报文。

d）同一厂站同一保护装置自检报文两个以上动作或复归在主站或厂站产生的时间 <10ms 为厂站误发报文。

e）同一厂站两条及以上馈路保护装置控制回路断线报文动作或复归时间 >10ms 为直流系统电压异常。

f）同一厂站同一电压等级的保护装置两个及以上装置报 TV 断线时间 >100ms 为二次系统交流回路异常等。

（四）保护设备故障定位分析

二次设备检修决策过程相对简单，只要装置故障点确定，按原则检修。具体方法是根据设备故障情况，把所需退出和加入的保护按要求填“临检”单和检修计划表，由 Web 经 MIS 网发送到各相关部门，等到各部门答复后即可形成检修方案进行检修。

故障定位的基本步骤：① 分析报警报文；② 监测保护装置硬件、二次回路、运行参数的变化，寻找二次设备故障点；③ 根据保护装置运行状态和电网的运行相关参数，分析设备故障点的性质。

系统在正常情况下，对变电站的继电保护装置和二次回路的运行状况进行监测，对运行设备的二次回路参数进行查询。采用与现场接线图方式一致的图形化管理和图形化信息发布，在系统中可调出变电站装置配置图及保护装置的具体情况汇总，以便于继保人员监测装置。

同时，应具备完善的图形管理与参数维护功能，即图模一体化功能。提供一个电力系统元件库，包括各种装置等电力系统元件。提供最常使用的编辑功能，可以编辑各变电站二次接线图，方便地增加和修改系统信息。

（五）系统基础信息需求

（1）保护相关静态资料。

保护配置、图纸、说明书。

（2）保护相关动态资料。

运行状态、相关的跳闸逻辑、运行定值、设备缺陷记录。

（3）保护运行资料。

保护历次动作的情况以及行为评价，相关设备故障时保护的启动情况，保护的历史告警报文。

（4）异常处理记录。

保护自检报警时，对保护装置运行的影响以及处理意见，记录保护自检报文进行远程故障诊断，校核自检报文可信度的记录。

（六）运行环境的适应性

鉴于状态监视系统必须在变电站运行，因此，其必须能符合变电站的运行环境要求，具体如下：

1）满足高低温（－40℃～85℃）要求；

2）满足防水、防尘、抗振动设计要求，可安装于开关柜等环境条件较为恶劣的现场运行；.

3）具有优异的抗干扰性能，满足 IEC 801－4：1988 规定的Ⅳ级（4kV±10%）快速瞬变干扰试验、IEC255－22－2 标准规定的Ⅳ级（空间放电 15kV，接地放电 8kV）静电放电试验，及 IEEE C37. 90. 1—1989 IEEE 保护继电器及继电器系统的 SWC 试验等。

（七）系统资源配置和可维护性

配置开关量输入端，方便外部遥信量的接入，配置了 GPS 硬件对时回路，便于全系统时钟同步。硬件应考虑免调试，如：

1）在采样回路中选用高精度、高稳定的器件，保证正常运行的高精度，避免因环境改变或长期运行而造成采样误差增大。

2）完善的自检功能，满足状态检修的要求。

3）产品中无可调节元件，无需现场调整采样精度，大提高运行稳定性。

4）采用计算机单片结构，提高装置硬件可靠性。

5）装置硬件通用性强，适合工业化生产，从技术上能够保证产品质量。

5.3 基于状态检修技术的保护预警系统

如前所述，保护状态检修的关键在于有效地发现保护系统的异常，及时消除保护装置或回路的缺陷，确保保护装置在电网发生故障时能准确响应，构建可靠的电网安全运行屏障。就上一章所描述的保护状态检修系统所需的基础信息而言，保护状态检修技术所能实现的功能将主要局限保护装置制造质量本身和相关二次回路的安全性方面。由于保护装置的正确动作与否在相当程度上还取决于保护装置的整定值设置的合理性，在系统发生扰动时保护之间的配合裕度等因素。在实际系统运行过程中存在大量因保护定值设置不合理而造成的不正确动作，因此，在保护状态检修技术的基础上拓展对于保护系统运行状态的监视范畴，除监视保护装置、二次回路的异常情况外，实现对于保护整定值与电网适应性的在线评估或判断，有效解决第三章所讨论的第一类隐性故障问题，将具有十分重大的应用价值。

随着连续记录电力系统模拟量信息的故障录波器技术的出现，故障信息系统技术的应用推广，保护仿真平台技术的发展，基于实时录波信息、故障信息系统所读取的保护定值信息、保护仿真技术、保护状态检修等技术，有可能构成变电站保护预警系统，实现二次电流、电压输入回路的实时监测和异常预警，如 TV 两点接地、TA 断线等；通过保护仿真模块实现在线的继电保护整定值校核，及时发现继电保护整定值之间配合存在的隐患，实现保护定值的在线预警功能，提高继电保护设备对电网运行方式的适应性；依托图形化分析技术可实现电网故障时继电保护的动作特性、动作时序和动作行为可视化分析。

（一）保护预警系统的主要功能

1）传统变电站继电保护装置的二次交流回路，出现问题时不能及时发现，例如TV两点接地等，而往往在电网发生故障时会引起事故扩大的后果，预警系统利用实时采集的变电站电流、电压模拟量信息，及时判断处理二次交流回路的缺陷并预警；

2）利用电网扰动时的电流、电压信息，有效地显示后备保护启动情况，实时评估保护装置定值的适应性及安全裕度，避免由于继电保护装置定值设置错误引起的不正确动作；

3）电网扰动发生保护装置不正确动作后情况后，往往保护所能提供的信息相当有限，这给保护装置出现的拒动、误动后查找其原因带来了很大的困难。依托仿真技术及可视化技术，显性化各种保护的动作原理，利用故障时的电流、电压模拟量可实现保护动作特性的时序性分析。

（二）系统的组成

（1）数据采集部分。

变电站保护预警作用决定了必须保证所采集数据的真实性，这对于电网故障再现和仿真研究，乃至进一步利用采集的电网数据资源十分重要。变电站保护预警系统应采取措施保证采集数据的真实性，进行高速高精度采样；提高处理数据的能力；实现智能采样，对系统振荡、重合及直流量等，根据实际情况自动调整采样速率。扩充存储容量，保证长过程或连续故障时高密度采集数据，使数据保持完整性。采用高速总线，实现数据实时、快速、安全转存，尽可能减少采样单元中的滤波环节。

（2）保护信息集成。

由于预警系统需要实时评估保护定值的适应性，因此，需要将变电站数字式保护信息集成在一起，充分利用所采集电流、电压模拟量信息、保护配置信息和保护定值信息，在电网扰动过程中有效地评估保护动作行为与电网安全稳定运行的适配性，即保护信息子站功能，见图5－6。

（3）保护仿真分析。

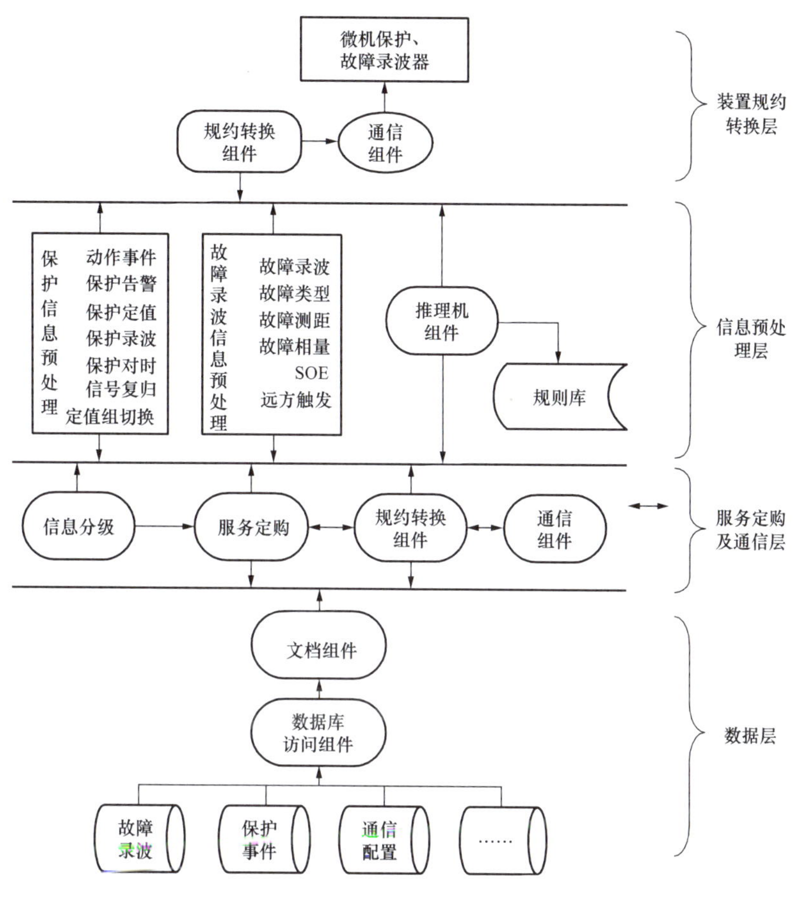

图5－6　保护故障信息集成示意图

利用仿真技术建立保护模型，可以从故障录波数据库中读取故障录波数据，对于变电站内部不同类型的保护进行自动分析，确定故障类型，逐点计算故障前后的测量阻抗（或电流、电压量），并在保护特性图上绘制变化轨迹，如图5－7所示。

继电保护仿真平台技术是预警系统的核心之一，其功能坐标如图5－8所示，并具有二级仿真层次：

1）稳态仿真：当输入信号为稳态故障电压、电流量（其中只包含工频分量，或叠加非周期分量以及某些次谐波分量）时，可仿

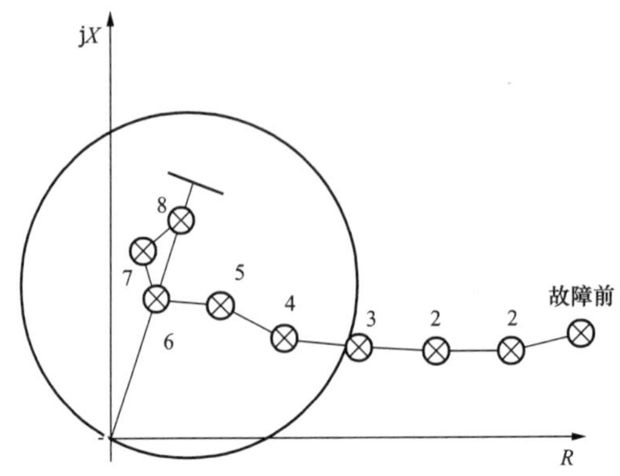

图 5－7　保护动作特性分析（动作轨迹 1、2、…）

真保护装置的稳态特性。

2）暂态仿真：当输入信号为暂态电压、电流量［如现场故障录波的数据，或电磁暂态计算程序（如 EMTP）的数据］时，可仿真保护装置的暂态特性。

三项仿真功能：

1）波形：能显示电压、电流波形，包括原始波形以及采样后（经过抗混叠滤波、重新采样等处理）的波形；提供多种波形分析功能，如相量图、序分量图以及谐波分析等。

2）动作轨迹：能根据保护定值绘制保护动作特性图；能绘制保护特征量的变化轨迹，如测量电压、电流或测量阻抗的轨迹图，并能与保护的理论动作特性图叠加显示。

3）保护逻辑：能显示实际装置的动作逻辑图；保护动作后，能在保护逻辑图上自动显示各元件的动作时序。动作时序的演示速度可手动调整，也可以暂停；能以单步方式演示动作时序；能辅以列表的方式显示各元件的动作顺序。

（4）保护特性分析。

结合电网故障信息系统，可实现保护特性的自动分析。根据电网故障分析结果、相关的故障录波数据、故障时的保护定值和电网

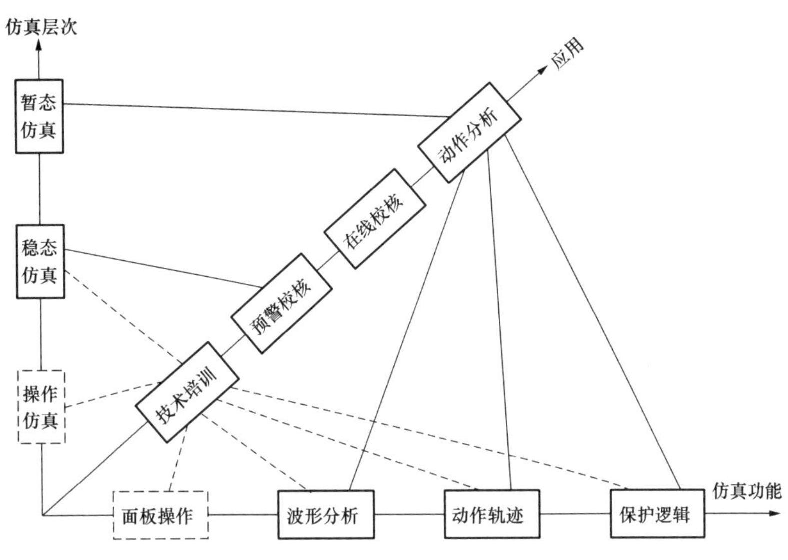

图 5-8 保护仿真的功能坐标示意图

运行状态等信息，利用保护的逻辑模型模拟保护动作行为，与实际的保护动作行为进行比较，判断相关装置动作的正确性，并给出动作行为分析报告，并作为保护生命周期管理中保护检验的重要环节，详细过程如图 5-9 所示。

（5）保护状态实时监视。

传统变电站继电保护装置的二次交流回路，出现问题时不能及时发现，例如 TV 两点接地等，变电站保护预警系统根据电网扰动时，记录的电压波形和标准波形进行比较，发现 TV 两点接地和异常情况报警。利用预警系统和保护装置从不同 TA 取电流然后进行结果比较，检查 TA 二次回路出现的错误。

电气二次设备的状态监测对象不是单一的元件，而是一个单元或一个系统。监测的是各元件的动态性能，预警系统对保护设备状态检修应监测对象主要有：交流测量系统；直流操作、信号系统；逻辑判断系统；通信系统；屏蔽接地系统等。交流测量系统包括 TA、TV 二次回路绝缘良好、回路完整，测量元件的完好；直流系

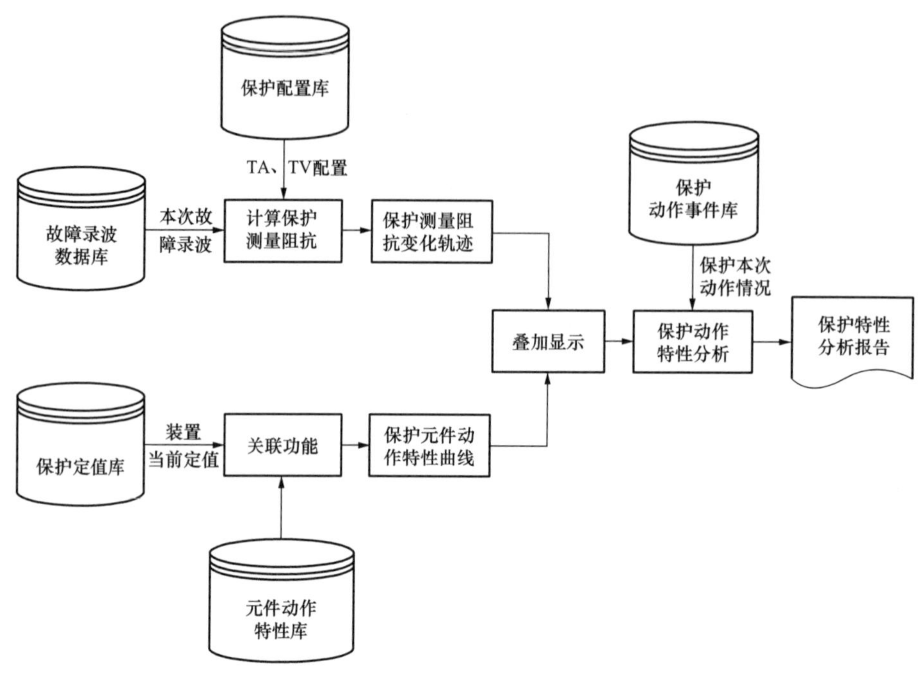

图 5-9　保护特性分析处理过程

统包括直流动力、操作及信号回路绝缘良好、回路完整；逻辑判断系统包括硬件逻辑判断回路和软件功能。

1）交流测量系统监视。系统和保护装置从不同 TA 取电流然后进行结果比较，检查 TA 二次回路出现的错误。如果有条件可以从不同 TV 取电压然后进行结果比较，检查 TV 二次回路出现的错误。

2）辅助回路监视。实现直流操作、信号系统等辅助回路监视，使用变电站直流和信号系统保护，如表 5-2 所示，完成监测功能。

表 5-2　　　操作回路及辅助回路监视表

DC1LFP	直流低电压故障动作（OFF，15~300VDC）
DC1LWP	直流低电压告警动作（OFF，15~300VDC）
DC1HWP	直流过电压告警动作（OFF，15~300VDC）

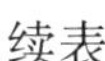

续表

DC1HFP	直流过电压故障动作（OFF，15～300VDC）
DC1RP	纹波电压（峰值）动作（1～300VAC）
DC1GF	接地检测因素（1.00～2）
DC1F	直流电源故障告警
DC1G	直流电源接地告警
DC1R	直流电源纹波告警
DC1W	直流电源预警告警

（三）变电站保护预警功能

变电站保护预警系统集电网扰动数据采集、保护信息集成、保护特性分析、保护仿真技术、保护状态监视功能于一体，上述功能的有机结合有效地构建了变电站保护预警系统，预警系统的功能主要体现在以下几个方面：

（1）保护定值的一致性校核。

系统可以调用保护装置的整定值，利用仿真保护与实际保护动作结果进行比较，确保现场保护设备二次交流回路接线的正确性和完整性。

（2）保护定值安全裕度校核。

系统可根据电网运行时所获取的电流、电压模拟量信息，根据当前的运行状况，以及设定的整定原则和校验原则，对当前系统中各种保护的状态进行在线校验。检验后备保护的安全裕度，如相间距离、过流、过负荷等后备保护的躲负荷能力，及时发现电网中存在连锁跳闸危险的薄弱环节，并以可视化方式实时显示保护灵敏度裕度，实施自动报警。预警性校核功能对电网保护提供实时智能预警，可以发现由于离线计算考虑运行方式不足而导致的不合理定值问题。

（3）保护回路故障预警。

现场分析事故是专业人员根据保护装置的动作报告和装置录波数据，判断保护装置动作正确与否。如果能够把实际系统扰动数据通过嵌入计算机系统、仿真软件计算出正确结果和保护装置的动作报告和装置录波数据进行数值比较，就可以自动完成现场事故分析，检查出保护装置和二次回路存在的隐患。实现对于直流操作、信号系统状态监测。

综上所述，变电站保护预警系统充分利用了现代信息技术、微电子技术和电网二次控制相关技术，实现对于保护系统的在线评估和预警，可及时发现保护系统中存在的缺陷或与保护定值对于电网运行的配合度，确保电网安全稳定控制系统的安全、可靠、稳定运行。

5.4 小结

本章阐述了继电保护状态检修实现所必须关注具体应用技术方案的差异化问题，分析了保护状态检修系统的基本结构和功能组成，提出了基于保护状态检修技术的预警系统概念和实现思路。

第六章 继电保护状态检修典型方案

6.1 保护监测系统 RSS 描述

保护监测系统 RSS（Relay Supervisory System），可以安装在变电站内监视保护装置，增加保护的安全性，避免因保护隐藏的故障引起灾难性事故。RRS 装置可以监视变电站内的所有保护。

RRS 提供两种方式增加安全性：① 正常运行模式，RSS 监视所有变电站内具有隐性事故模式的保护；② 紧急运行模式，在这种模式下 RSS 在保护安全性和依赖性之间协调平衡，实现这种应用主要通过 RSS 与保护的输出接点进行逻辑组合，因此，RSS 可以实现必要时的大多数保护跳闸模式。

RSS 采取“被动”方式与保护并行工作，即仅当收到保护跳闸信号后才进行采样和存储波形，RSS 对于每个被监视的继电器进行采样和电流、电压波形存储，见图 6-1。

与微机保护一样 RSS 一路交流信号经滤波、A/D 变换，另一路输入来自保护辅助跳闸继电器提供的跳闸信号，这个信号使 RSS 进入触发状态，RSS 的输出控制接点与断路器跳闸线圈串联，控制断路器的跳闸。RSS 不接收远端信号，因此，只控制本侧保护。

（1）正常工作模式。

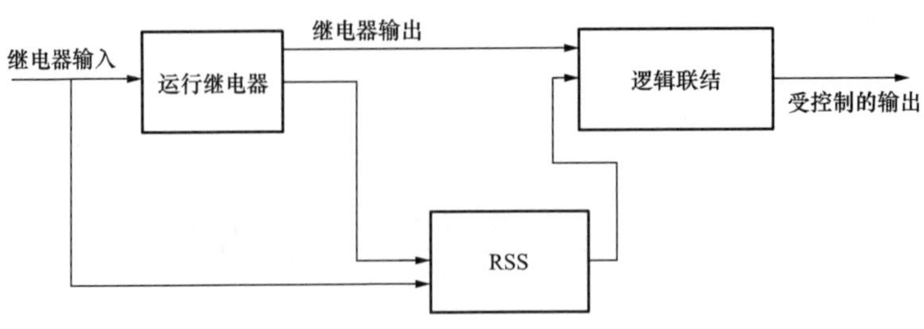

图 6-1　RSS 系统示意图

正常工作模式下 RSS 监视保护，防止隐性故障引起的误动。当保护在电网发生故障时动作，辅助继电器触发 RSS，RSS 取存储的电流、电压信号，进行故障计算，若计算表示故障容许跳闸，否则，认为保护有问题，禁止跳闸。RSS 正常工作模式流程见图 6-2。

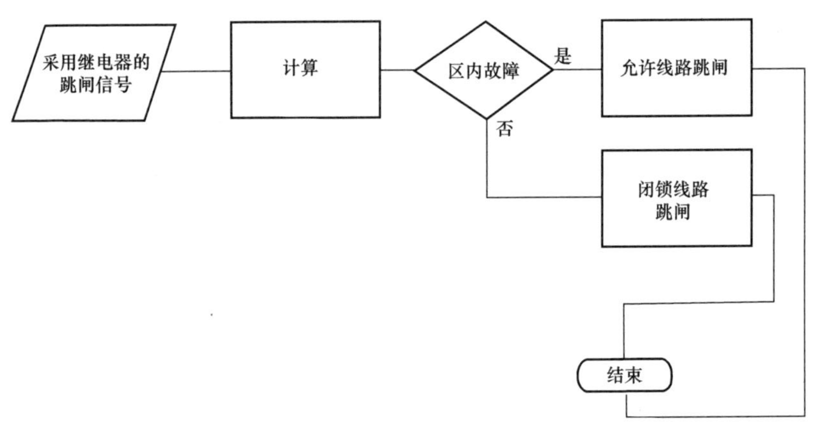

图 6-2　RSS 正常工作模式流程图

(2) 紧急状态模式。

在紧急状态下 RSS 调整保护的安全性和依赖性，增加保护的安全性，RSS 系统适应于"投票"逻辑，"投票"逻辑可以通过将输出接点组合在一起在现有的保护系统中实现。利用计算机实现"投票”逻辑可以灵活地在不同的模式之间切换。这种模式防止了保护的误动和继电器的隐藏故障。RSS 紧急状态工作模式示意图见图 6－3。

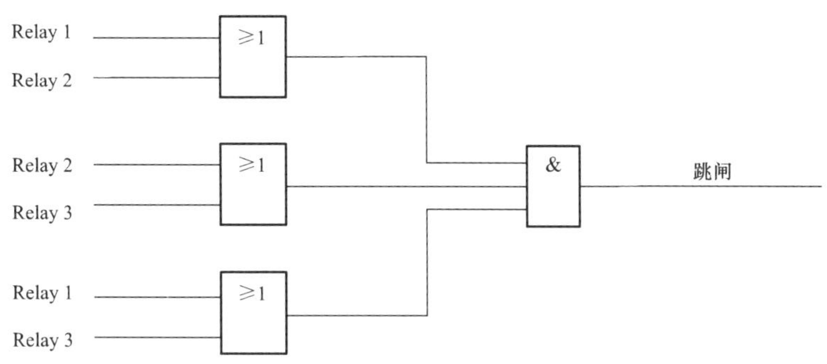

图 6－3 RSS 紧急状态工作模式示意图

这种模式起作用 RSS 必须具有三层保护，这是种“默认”的自适应模式，需要来自系统操作员的命令切换至自适应模式，装置必须具有通信能力。紧急状态通常是指大范围的电网扰动，此时，线路跳闸会引起“灾难性”电网事故。

正常方式和紧急方式的使用原则是不一样的，正常方式是维持现有保护的依赖性，增加抵御保护隐性故障的能力。紧急方式降低依赖性水平、达到最高的安全性。紧急状态下在大范围电网扰动时，应在严重过负荷情况下避免保护跳闸。同时，RSS 具有退出运行模式，退出运行时所有跳闸接点闭合保护恢复正常运行模式。

6.2 采用智能操作箱技术简化二次回路

目前，国内电力系统继电保护二次控制回路操作箱均采用硬件式结构，即由继电器直接在 220V 强电回路中通过二次线联接而成，接线繁杂、耗能较大，自身不具备自检功能。虽然在变电站自动化系统中该回路一部分硬接点可通过智能电子设备（如测控单元）进行上传监控，但要求二次回路继电器输出接点增多，使接线复杂化，可靠性下降，同时联接电缆也增多。对保护设备实行状态检修而言，则要求有更多的设备运行状态信息量，现有的二次控制回路操作箱达不到要求。

继电保护设备状态检修的重要要求就是在设备状态特征量的采集上不能有盲区，因此，用微机原理设计保护智能操作箱，可以有效解决电气二次回路状态检修问题，填补综合自动化变电站二次控制设备的边缘空白部分，为实现完全意义上的自动化、为继电保护实行状态检修创造必要的条件。保护智能操作箱见图 6－4。

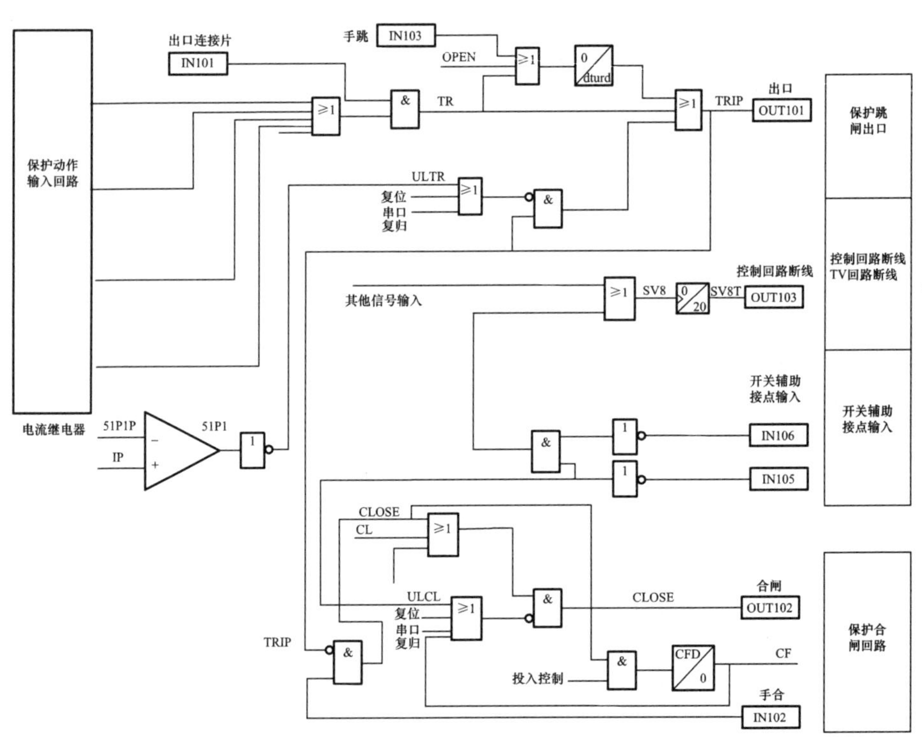

图 6－4　保护智能操作箱示意图

这种设计不但可以实现在线监测和数据远传等功能，还能突破原硬件式操作箱（回路）的结构模式，用软件功能实现控制操作全过程的方案，使操作回路的结构只需用简单的开关量输入和开关量输出即可实现，取消了硬件结构上的防跳继电器，大大地简化了操作回路的逻辑接线，减轻了现场工作人员的工作量，同时，为保护实现状态检修提供重要的应用基础。

6.3 在传统试验方法中增加关键接点监测

目前，国内电力系统继电保护二次回路的正确性检查是定期采用传动试验方法实现的。按照上述原理，可以安装状态监测控制装置（自动传动试验装置），在被保护一次设备短时间停电时，自动进行传动试验。并且记录和分析试验结果的正确性。

状态监测控制装置有模拟故障发生器和状态监测控制器组成，在被保护一次设备短时间停电时，自动由模拟故障发生器产生简单故障电压电流，自动进行传动试验。通过状态监测控制器记录和分析试验结果的正确性。并经过后台计算机接入保护故障信息系统远传到保护管理部门。

下面以高压线路保护 RCS－941 试验为例说明，见图 6－5。

1）当装置 TV 断线时，此时通过状态监测控制器记录和分析报警接点的动作状态正确性（应由断开变为闭合）；

2）在一次线路短时间停止使用时，主保护（B 型）、距离保护、零序过流/过流保护压板一般在投入状态，此时通过模拟故障发生器产生简单故障电压电流（加故障电压 0V，故障电流 10A，模拟 ABC 三相故障），此时通过状态监测控制器记录和分析发信接点、跳闸接点的动作状态正确性（应由断开变为闭合）；

3）在一次线路短时间停止使用前，投入 RCS－941 试验重合闸特殊回路模拟断路器偷跳重合进行试验，通过状态监测控制器记录。

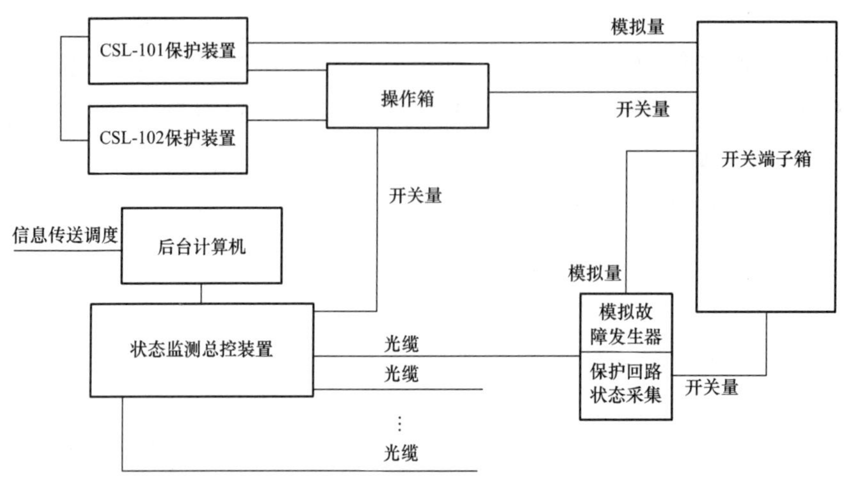

图 6－5　传统试验方案示意图

常规电磁型保护或其他类型的微机保护，断路器偷跳重合试验时只要同时满足以下五个条件：① 重合闸装置充电完成，且无闭锁重合闸命令；② 同期条件满足；③ 控制开关 KK 在合后位置；④ 保护装置未起动；⑤ 断路器由合位变分位。则断路器偷跳重合动作。

RCS－941 保护在满足上述五个条件的同时，还需满足以下两个条件：① 断路器跳闸前三相均有负荷电流；② 断路器跳闸的同时切断三相负荷电流。即上述七个条件全部满足时，断路器偷跳重合才动作。现场重合闸特殊回路模拟断路器偷跳回路应注意断路器偷跳与切断三相负荷电流的时间配合问题等。

6.4 小结

本章从应用的角度阐述了继电保护状态检修的典型实现方案，分析了各种典型方案的基本特点及所解决的关键问题。

第七章

继电保护状态检修应用实例

7.1 通化钢铁公司应用案例

通化钢铁集团公司有限责任公司是吉林省省属最大的国有企业和唯一的大型钢铁联合企业集团，也是全国100户建立现代企业制度试点企业和国务院确定的520户重点扶持企业之一。始建于1958年，经过四十多年的建设和发展，特别是经过“七五”至“十五”期间的技术改造，迄今已建设成为具有采矿、选矿、烧结、焦化、炼铁、炼钢、轧钢、耐火材料、动力、运输、机械制造、建筑安装、冶金研究设计等综合配套的大型钢铁联合企业，形成了规格齐全、品种配套的建筑用材和机械加工用材产品体系。现生产能力已突破年300万t钢的规模。厂内有110kV主要变电站多座，35kV和10kV变电站若干个，其中总降压变电站10kV配置SEL保护。

通化钢铁公司的一次主接线图见图7-1。

2005年通化钢铁公司利用SEL保护实现了微机操作箱的实际应用，实施方案利用了SEL提供的数字仿真式继电保护平台的功能，根据操作箱的基本功能特点，设计了智能型的微机操作箱，成功解决了电气二次回路状态检修问题。用SEL逻辑功能实现控制操作全过程的方案，使操作回路的结构只需用简单的开关量输入和开

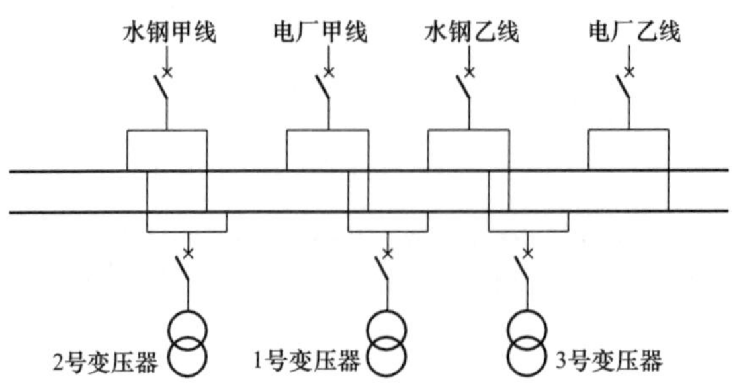

图 7－1　通化钢铁公司的一次主接线图

关量输出即可实现，取消了硬件结构上的防跳继电器，大大简化了操作回路的逻辑接线，见图 7－2 和图 7－3。

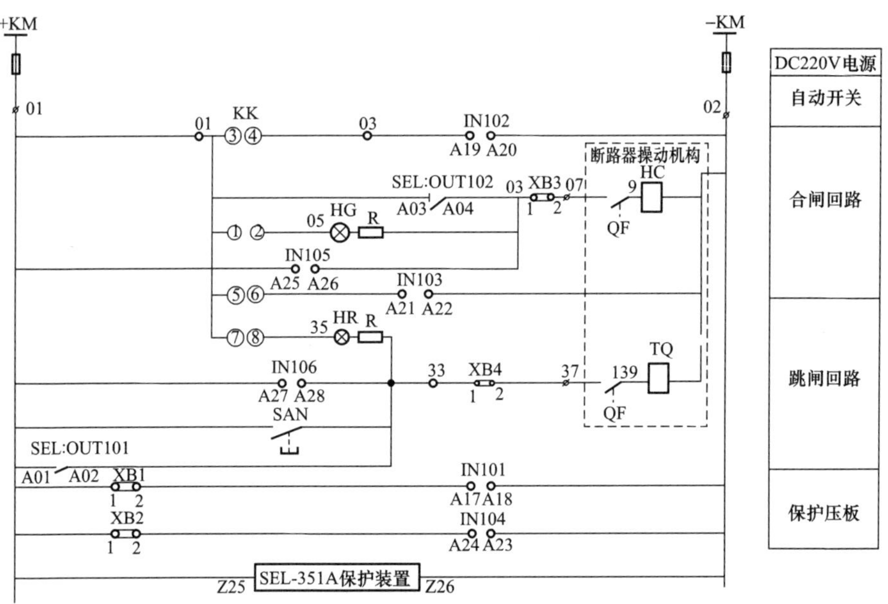

图 7－2　用 SEL 保护逻辑所实现的智能型操作箱示意图

上述方案简化二次接线，增加可靠性。减少不必要的停电。减轻了现场工作人员的工作量，同时为保护实现状态检修提供了重要的应用基础。

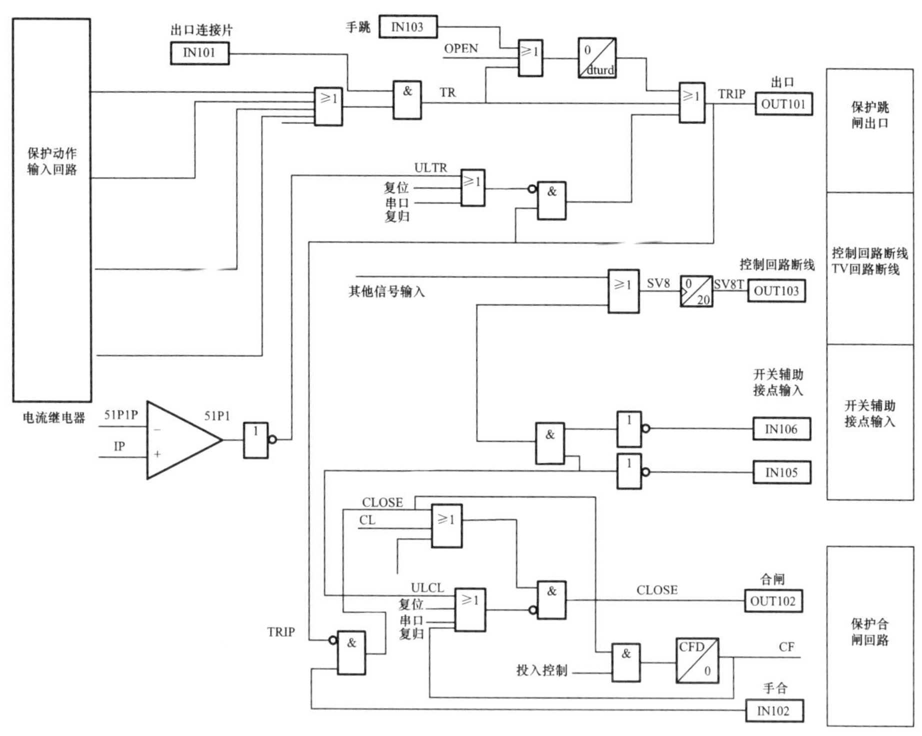

图7－3 简化后的操作回路逻辑示意图

7.2 西宁钢厂应用案例

西宁特殊钢股份有限公司（以下简称西宁钢厂）具有年产优质钢50万t、优质钢材40万t的综合的生产能力，是西北地区最大的特殊钢生产企业。厂内有110kV主要变电站2座。35kV和10kV变电站若干个，其中钢变变电站全部配置SEL保护，主接线图见图7－4。

西宁钢厂二次设备在线监测技术方案是通过SEL保护的平台技术实现，具有对保护运行状况的监测和故障诊断功能，通过对SEL保护可视化建模，实现了从保护原理上对SEL装置图形化在线监视

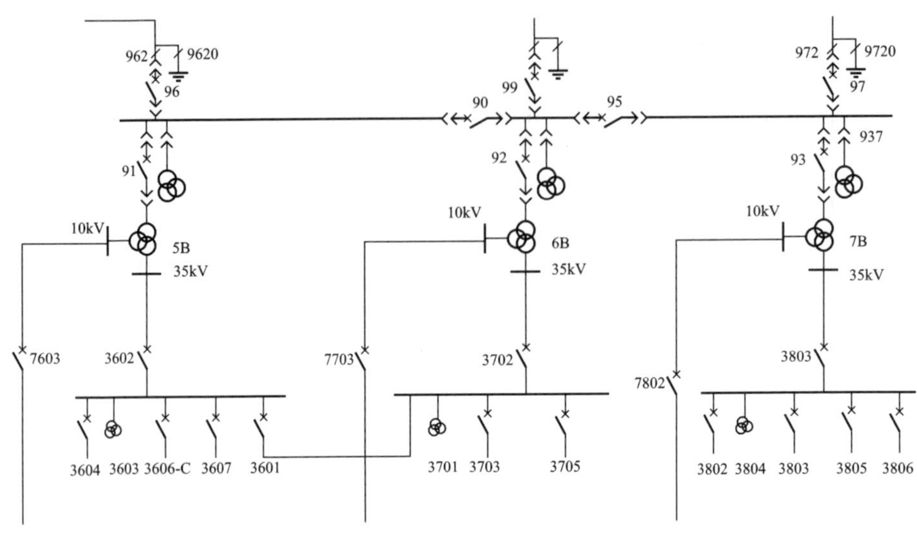

图 7－4　西宁钢厂一次系统示意图

和保护装置内部的硬件故障诊断，具备有效监测和故障诊断手段，见图 7－5 和图 7－6。

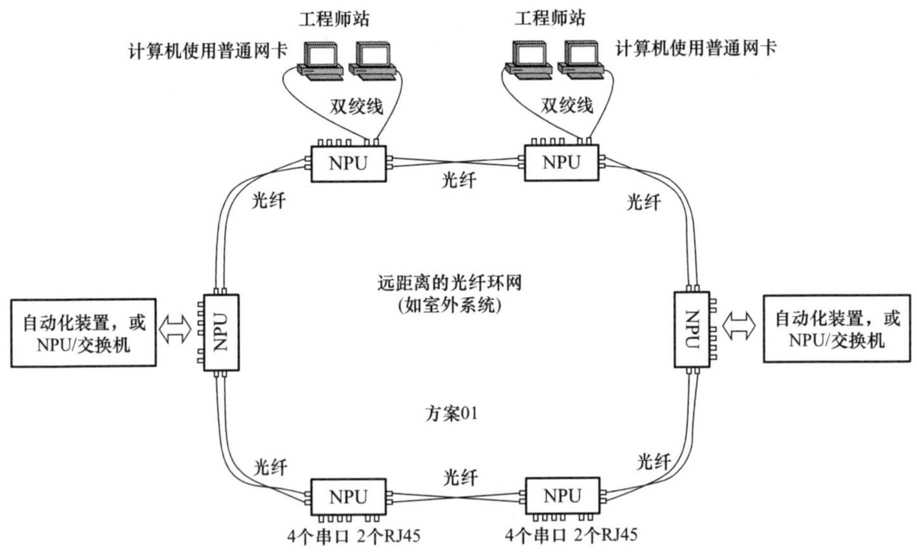

图 7－5　西宁钢厂保护状态监视配置方案示意图

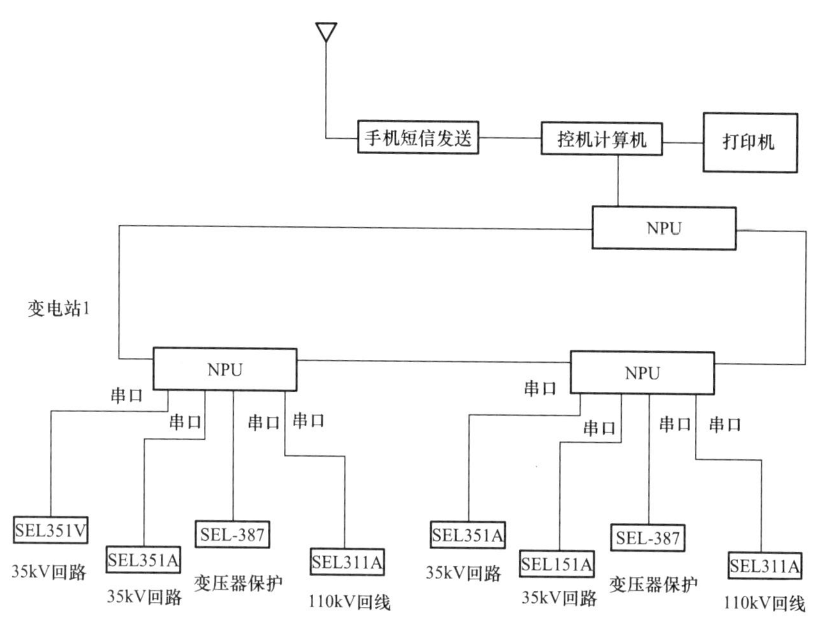

图7-6 西宁钢厂保护配置示意图

在实际系统运行中，保护状态在线监测系统有效地发挥了积极的作用，在2007年8月20日西宁特殊钢股份有限公司110kV钢变35kV电压互感器损坏后，通过该系统及时发现了更换35kV电压互感器后二次电压回路误接线重大隐患，提高了安全性能。

由于利用SEL可编程功能，增加在线监测功能，及时发现负序电压继电器动作，如图7-7所示，更换35kV电压互感器后二次电压回路误接线重大隐患。

现场事故记录的文件如下：

```
91                          Date: 07/08/03     Time: 17:31:11.737
STATION A


FID = SEL - 387E - R604 - V0 - Z003003 - D20060320
  Winding 1    Winding 2    Winding 3    Winding X    OUT IN
  Amps Sec     Amps Sec     Amps Sec     Volts Sec    1357 135
```

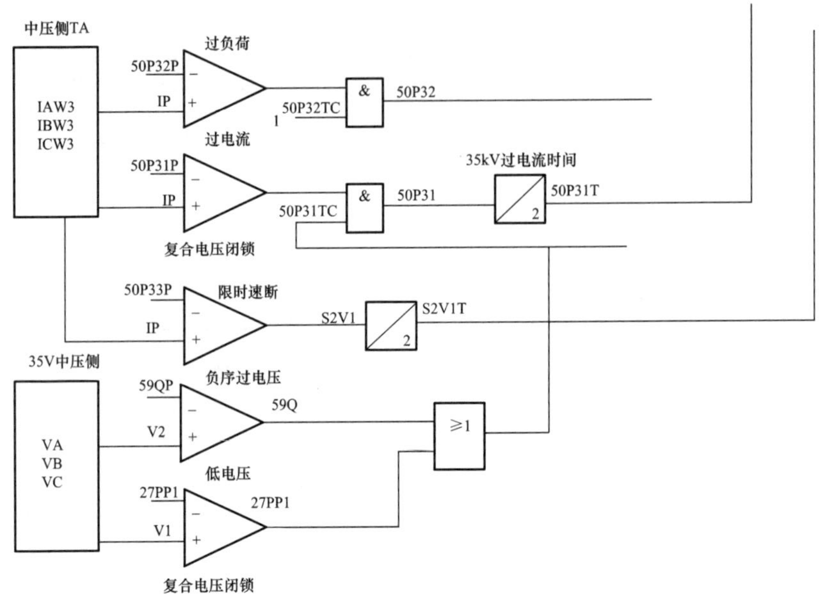

图 7－7　SEL 保护状态检修的实施方案

IAW1　IBW1　ICW1　IAW2　IBW2　ICW2　IAW3　IBW3　ICW3

VAWX　VBWX　VCWX 246A 246

［1］

－6. 51 8. 43 －1. 89 4. 43 －3. 84 －0. 58 3. 31 －4. 93 1. 61 －0. 01 －0. 02 0. 03 1…1b.

－1. 40 －1. 36 2. 78 2. 97 2. 87 －5. 84 0. 00 0. 01 －0. 03 0. 02 0. 01 －0. 03 1…1b.

6. 64 －8. 42 1. 75 －4. 32 3. 85 0. 46 －3. 44 4. 93 －1. 47 0. 01 0. 02 －0. 03 1…1b.

1. 55 1. 37 －2. 93 －3. 07 －2. 91 5. 97 －0. 08 －0. 00 0. 10 －0. 02 －0. 01 0. 03 1…1b.

［2］

－6. 62 8. 44 －1. 79 4. 18 －3. 88 －0. 28 3. 48 －4. 93 1. 44 －0. 01 －0. 02 0. 03 >13…1b.

－1. 63 －1. 38 3. 02 3. 13 2. 95 －6. 08 0. 12 －0. 00 －0. 14 0. 02 0. 01 －0. 03 13…1b.

6. 60 －8. 46 1. 84 －4. 10 3. 89 0. 19 －3. 49 4. 93 －1. 44 0. 01 0. 02 －0. 03 * 13…b.

1. 79 1. 37 －3. 17 －3. 05 －2. 95 5. 99 －0. 26 0. 01 0. 28 －0. 02 －0. 01 0. 03 13…b.

7.3 外陈（宣家）变应用案例

220kV外陈（宣家）变是浙江省电力公司第一个采用IEC61850标准的变电站工程，该站位于浙江省绍兴市诸暨外陈村。主接线图见图7－8。

该示范性工程主要为了探索一种基于IEC61850标准的变电站建设、改造模式，因此，工程中采用了八个以上厂家的设备，并首次采用了网络录波设备，二次系统所用详见表7－1。工程实施过程中进行了大量的互操作试验，解决了一系列应用方面的问题，于2008年1月正式投入运行，系统网络结构图见图7－9。

表7－1　外陈变自动化系统设备配置表

IED	厂家	型号
监控系统后台	南瑞科技	NS2000
远动通信装置	南瑞科技	NS200
保护信息子站	南瑞科技	PFS3000E
网络报文记录分析仪	国电南思	NSAR511、NSAR500
220kV凤仪Ⅰ线测控	ABB	REC670
220kV凤仪Ⅰ线保护A	国电南自	PSL603U
220kV凤仪Ⅰ线重合闸	国电南自	PSL631U
220kV凤仪Ⅰ线智能操作箱A	国电南自	FCX－12HZ
220kV凤仪Ⅰ线保护B	南瑞继保	PCS931
220kV凤仪Ⅰ线智能操作箱B	南瑞继保	PCS222
220kV凤仪Ⅰ线保护C	GE	L90
220kV凤仪Ⅱ线测控	SIEMENS	6MD663
220kV凤仪Ⅱ线保护A	国电南自	PSL603U

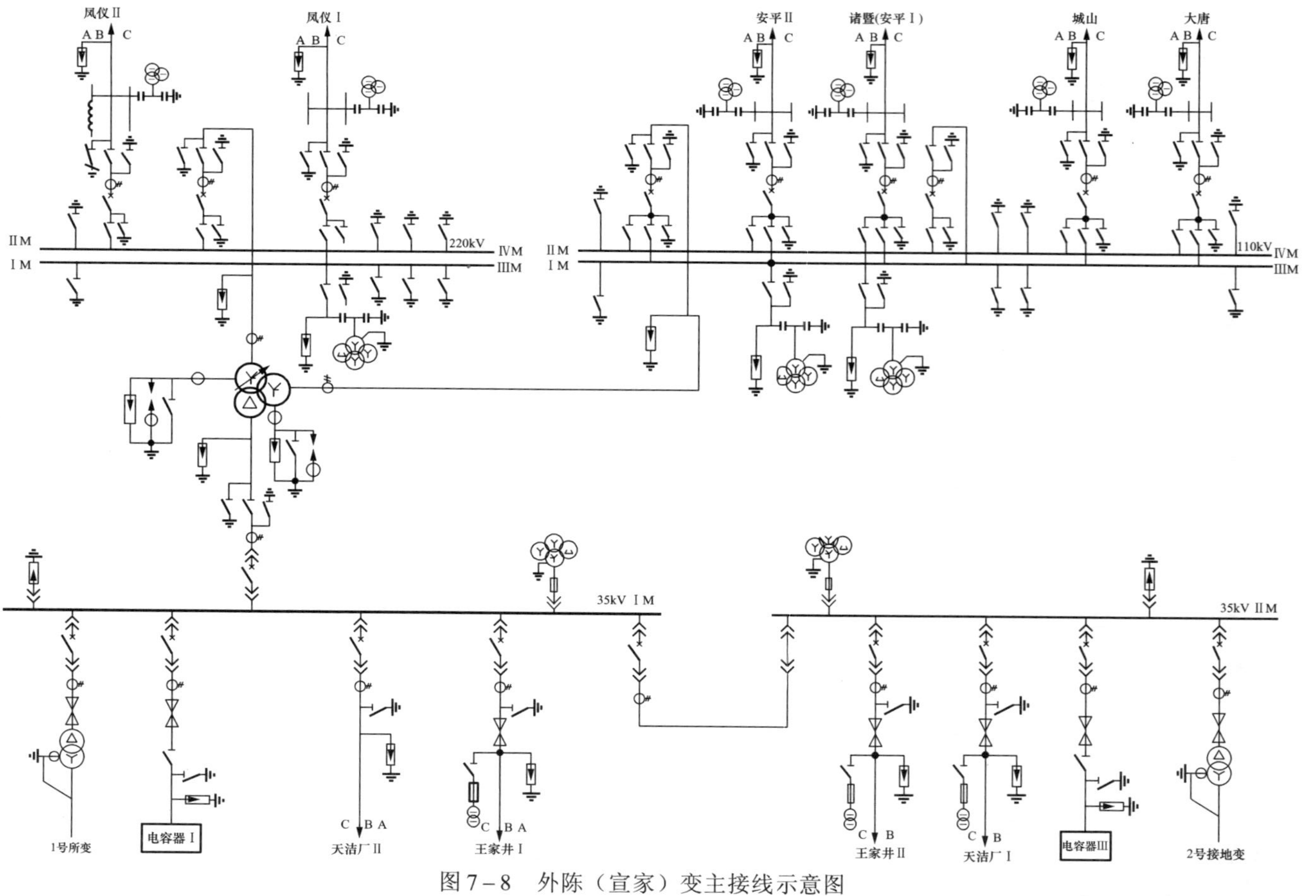

图7－8 外陈（宣家）变主接线示意图

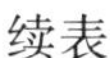

续表

IED	厂家	型号
220kV 风仪Ⅱ线重合闸	国电南自	PSL631U
220kV 风仪Ⅱ线智能操作箱 A	国电南自	FCX－12HZ
220kV 风仪Ⅱ线保护 B	南瑞继保	PCS931
220kV 风仪Ⅱ线智能操作箱 B	南瑞继保	PCS222
220kV 母联测控	南瑞科技	NSD500V
220kV 母联充电解列保护	南瑞继保	PCS923
220kV 母联智能操作箱	南瑞继保	PCS222
220kV 正母测控	ABB	REC670
220kV 副母测控	SIEMENS	6MD662
220kV 母线保护 A	南瑞继保	PCS915
220kV 母线保护 B	深圳南瑞	BP－2C
220kV 公用测控	国电南自	PSR662U
110kV 安平Ⅰ线测控保护合一	北京四方	CSC－161AC
110kV 安平Ⅱ线测控保护合一	北京四方	CSC－161AC
110kV 城山线测控保护合一	南瑞继保	PCS941
110kV 大唐线测控保护合一	南瑞继保	PCS941
110kV 母联测控保护合一	北京四方	CSC－122MC
110kV 母线保护	深圳南瑞	BP－2C
110kV 正母测控	国电南自	PSR662U
110kV 副母测控	国电南自	PSR662U
110kV 线路备自投	南瑞继保	RCS9651C
110kV 公用测控	国电南自	PSR662U
35kV 王家井Ⅰ线测控保护合一	北京四方	CSC－212

续表

IED	厂家	型号
35kV 王家井Ⅱ线测控保护合一	北京四方	CSC－212
35kV 天洁厂Ⅰ线测控保护合一	北京四方	CSC－212
35kV 天洁厂Ⅱ线测控保护合一	北京四方	CSC－212
1 号所变测控保护合一	北京四方	CSC－241C
2 号所变测控保护合一	北京四方	CSC－241C
1 号电容器测控保护合一	北京四方	CSC－221A
2 号电容器测控保护合一	北京四方	CSC－221A
35kV 分段测控保护合一	北京四方	CSC－211
35kV 分段备自投	北京四方	CSC－246
35kV 母线保护	深圳南瑞	BP－2C
35kV Ⅰ段母线测控	国电南自	PSR662U
35kV Ⅱ段母线测控	国电南自	PSR662U
1 号主变 220kV 测控	国电南自	PSR662U
1 号主变 110kV 测控	国电南自	PSR662U
1 号主变 35kV 测控	国电南自	PSR662U
1 号主变本体测控	国电南自	PSR662U
1 号主变保护 A	南瑞继保	PCS978
1 号主变保护 B	南瑞继保	PCS978
1 号主变非电量保护	南瑞继保	PCS974
2 号主变 220kV 测控	国电南自	PSR662U
2 号主变 110kV 测控	国电南自	PSR662U
2 号主变 35kV 测控	国电南自	PSR662U
2 号主变本体测控	国电南自	PSR662U

续表

IED	厂家	型号
2 号主变保护 A	国电南自	PST1200U
2 号主变保护 B	国电南自	PST1200U
2 号主变非电量保护	国电南自	PST1206U
直流及其他测控	南瑞科技	NSD500V
所用电测控	南瑞科技	NSD500V

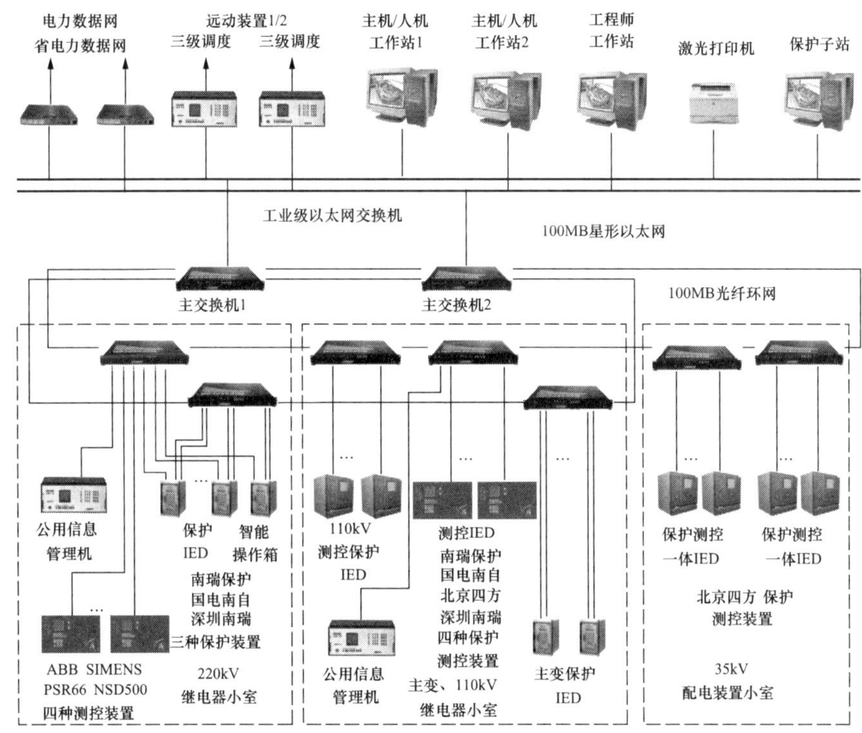

图 7-9 系统网络结构图

IEC61850 标准提供了 GOOSE 快速报文机制，其主要应用在过程层信息传递以及间隔层水平通信。在变电站不存在过程层通信的情况下，GOOSE 可应用于间隔间保护测控设备的横向联系，传递诸如失灵启动、重合闸闭锁等保护信息以及间隔联闭锁等信息。继电保护装置采用 GOOSE 机制后将大大减少二次电缆的设计、施工、调试工作，减少二次回路问题，避免回路接触不良等情况。

GOOSE 机制在继电保护中的应用是外陈（宣家）工程非常重要的应用。220kV 线路保护、母线保护、主变保护、重合闸装置及智能操作箱之间的闭锁、启动、跳闸等信号采用 GOOSE 通信模式。鉴于智能化一次设备产品尚未成熟，工程中采取了智能操作箱作为替代方案进行试点应用，为智能二次设备在开关现场的延伸应用做准备。外陈（宣家）工程采用这种智能操作箱的产品，基本思路是模拟过程层设备，向间隔层设备传送一次开关设备位置信号，同时执行间隔层设备的跳合闸指令。在外陈（宣家）工程中，智能操作箱主要承担了一个过程层设备的角色：负责采集断路器的位置状态，通过 GOOSE 转发给线路保护及重合闸装置；同时通过 GOOSE 接收线路保护跳闸、重合闸合闸，以及测控装置手合、手分信号，并通过继电器控制断路器的分闸、合闸，如图 7－10 所示。

GOOSE 没有采用 MMS 的客户端/服务器机制，而是另外制定了发布者/订阅者的模型，数据按要求以组播的方式向外发送，可以实现一发多收，同时使用一种特殊的重传方案来获得合适级别的可靠性，GOOSE 报文还带有 VLAN 和优先级标签，保证其在交换机中能优先通过，保证其实时性。

继电保护采用 GOOSE 快速报文机制后，网络通信对于变电站的安全运行尤为重要。传统高压等级的变电站保护系统均采用故障录波器监视和录取故障时刻的保护动作行为及故障电压电流。当变电站采用全数字化技术后，即 TA、TV、断路器、隔离开关等都数

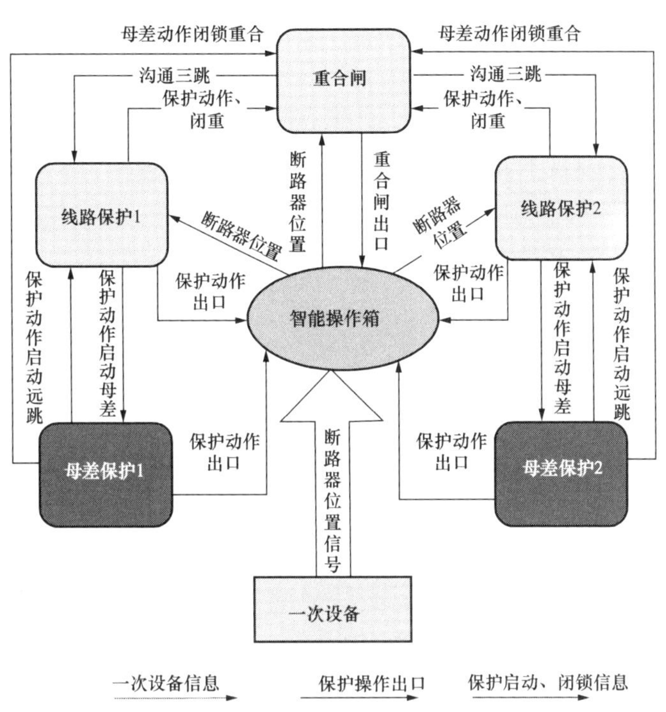

图 7－10 继电保护 GOOSE 的应用逻辑图

字化后，必须研究新的方法和手段监视保护的动作行为。数字化变电站的信息是通过网络传输的，因此，网络报文监视对数字化变电站非常重要。在外陈（宣家）变工程中，设置了网络报文记录分析仪对网络报文进行监视和记录分析。

基于 GOOSE 机制的智能操作箱应用，为继电保护实行状态检修创造了必要的条件。理论上只需将智能操作箱就地下放安装，结合继电保护装置的自检信息，以及日常运行和保护动作时的断路器跳合闸信息，就可以构成比较一种比较完整的继电保护状态检修方案。

7.4 小结

本章介绍了几个典型的保护状态检修应用实践，从现场实施的效果来看应该说现有的保护技术已经具备了状态检修的基础。尤其数字化变电站技术的应用可以通过智能操作箱的就地化，更有效地构建完整的保护系统状态检修方案。

第八章

继电保护状态检修实施意义

8.1 安全性分析

保护状态检修技术的应用有利于实现对设备整个生命周期的全过程管理，有效地提高电网稳定第一道防线的可靠性。实现保护的状态检修需要综合故障模式、经济合理性和技术可行性等方面因素，逐步建立并完善一个以状态检修策略为主体，可靠性为中心，以其他检修策略为辅的综合检修策略体系。

如前所述，状态检修是指根据设备的状态检测和诊断技术提供的设备状态信息，判断设备的异常和预知设备的故障，并在故障发生前进行检修的方式。即通过应用先进的设备状态检测手段和分析诊断技术，实时了解设备的健康状况和运行工况，及时给出设备的寿命评估，然后根据设备的健康状态，合理安排检修项目和检修时机，最大化地降低检修成本，提高设备的可用性。

因此，保护状态检修所带来的最大安全效益，就是体现为可以最大限度地减少由于保护装置、回路缺陷或障碍构成的“隐性故障”，在电网异常情况下造成电力设备的误、拒动作，引起事故状态的进一步恶化。

继电保护装置的运行状态，一般有正确工作和不正确工作两种。因此，继电保护装置运行的可靠性指标也存在两大类，即正确工作率和不正确工作率。所谓保护装置的正确工作是经设计、整定和试验后允许的工作状态。所以，“确保继电保护系统处在完好状态，能够保证电网故障情况下保护装置动作的安全性和可靠性”是电力系统运行中一个非常重要的问题。

确保继电保护系统处于完好状态的途径有：① 及时发现并消除继电保护装置的故障和缺陷；② 对继电保护系统进行科学、有效的检修、维护；③ 采取科学、有效的检修策略需要对继电保护系统进行可靠性分析。

我国目前普遍使用的方法是用“正确动作率”来描述继电保护可靠性，这种方法自前苏联援华时期就一直沿用下来，用一定年限（例如一年）内被统计的继电保护装置的总动作次数和其中的正确动作次数来定义：

正确动作率 =（正确动作次数/总动作次数）×100%

用“正确动作率”可以观测继电保护系统每年的变化趋势，也可以反映不同继电保护系统之间的对比情况，这种方法为提高我国继电保护水平起过很大的启发和指导作用，但这种评价方法存在一定的缺陷，即：没有考虑到区外故障情况下保护正确不动作的次数，因此，不能真实地反映保护装置的可靠性。按照这种方法，系统中的故障越多保护的正确动作率可能反而越高，因此，不利于激发保护工作人员预防事故的积极性。

现代电力系统的发展使电力系统结构越来越复杂、规模越来越庞大，因而，发生复杂故障的可能性也越来越大。2003 年美加“8 · 14”大停电事故和2006 年西欧“11 · 4”大停电等事故再次警示人们：提高电力系统运行可靠性水平已刻不容缓。电力系统中继电保护运行可靠性的好坏与电力系统的运行可靠性密切相关，尤其是继电保护系统的不正确动作不仅会使电力系统的故障扩大，甚至可能发生不良连锁反应而造成电力系统崩溃，导致大面积停电，造成重大经济损失，给人们生活造成严重影响。人们已越来越感到研究电力系统运行的安全性和可靠性之重要与迫切，倍感到提高继电保护装置的运行性能的急迫性。

因此，在继电保护应用领域采取状态检修策略将能及时发现设备的隐患，有助于快速消除保护缺陷，提高保护的可用率；提高电网安全运行的第一道防线安全性，避免电网发生事故时由于保护装置不正确动作或拒动引起的事故扩大，其对于电网的重要性是不言而喻的。

状态检修技术包含以可靠性为中心的检修技术和预测检修技术，电力系统的可靠性在很大程度上取决于电力设施的可靠性，随着电网容量的增大和用户对供电可靠性要求的提高，检修管理的重要性日益显现。检修费用占电力成本的比例也不断提高。如何采取合理的检修策略和制订正确的检修计划，保证在不降低可靠性的前提下节省检修费用，便成为电力部门面临的重要课题，过去常用的计划检修和以其为基础根据经验决定延长或缩短检修周期的做法已不能满足需要。

以可靠性为中心的检修和预测性检修是互相紧密联系而又不同的两个技术领域，前者是在评估元件可能故障对整个系统可靠性影响的基础上决定检修计划的一种策略，后者是根据对潜在故障进行在线或离线测量的结果和其他信息来安排检修的技术。其关键是依靠先进的故障诊断技术对潜在故障进行分类和严重性分析，以决定设备（部件）是否需要立即退出运行和制订应对措施。

8.2 可靠性分析

目前，我国针对电气一次设备状态检修研究相对较多，但对一次设备实施保护、控制、监测的电气二次设备的状态检修被忽视。多年来沿用的定检制度不能客观地反映设备内在的质量和运行工况等因素的差异。缺乏合理性和科学性，具有很大的盲目性。随着微机在继电保护及自动装置的广泛应用，继电保护的可靠性、定值整定的灵活性大大提高，依据传统的DL/T 995—2006《继电保护及电网安全自动装置检验条例》来维护电气二次设备，已经不能有效地适应电网和继电保护技术的快速发展。随着一次设备状态检修的推广、线路不停电检修技术的应用，因检修设备而导致的停电时间将越来越短。因此，对电气二次设备在检修方法、检验项目和定检周期等方面变革，实行电气二次设备状态检修，可以充分保证二次设备的可靠运行。

8.2.1 可靠性分析基本方法

可靠性是指设备在规定条件下和预定时间内，完成特定功能的能力。二次系统可靠性的研究方法，可分成解析法和模拟法两大类。

一、解析法基本原理

解析法是根据电力系统元件的随机参数，建立系统的可靠性数学模型，通过数值计算方法获得系统的各项指标。在解析法中，系统状态的选择是通过枚举法来实现，而系统状态的数目与系统元件的个数 N 成指数关系（2^N），因此当系统比较大时，计算量会非常大。解析法包括网络法、故障树分析法、状态空间法。

（1）网络法。

网络法是一种较早使用的计算系统可靠性的方法，主要针对两状态元件组成的系统，按逻辑的串并联关系进行分解来分析系统的可靠性能。所谓网络，是指由一些节点和弧（代表元件和回路）组成的系统。弧分为有向弧和无向弧两种，连接任意两个节点间由有向弧和无向弧组成的弧序列成为这两个节点间的一条路。如果一条路除去任一弧后即不再是路，则称此弧序列为两个节点间的一条最小路。在可靠性分析中，特别值得注意的是输入和输出节点间的最小路。

设 S 为一网络，X 是其中任一弧，用 S 表示事件“系统正常工作”，X 表示“弧 X 正常工作”，$\overline{X}$ 表示“弧 X 故障”。网络法所要解决的问题是：在一给定的时刻，对一已知网络 S，当任一弧 X 正常工作的概率 $P[X]$ 已知的情况下，求系统 S 正常工作的概率 $R=P[S]$。

最小连集和最小割集是网络法的常用分析工具，最小连集是保证系统正常工作的一些元件组合，当拿走其中任一元件时，系统故障；最小割集是导致系统故障的一些元件组合，当这些元件全部故障时，系统故障，而其中任意一元件修复后，系统即恢复正常工作。

网络法的基本计算步骤是：当给出一个网络的结构图后，根据逻辑关系，用串联和并联关系建立网络的逻辑图，并对逻辑图进行简化，然后得到网络的最小连集和最小割集，最后计算系统的可靠性指标。

对于图 8－1 所示由 n 个串联元件组成的系统，系统工作和故障可用下式表示：

$$S = \bigcap_{i=1}^{n} X_i \qquad (8-1)$$

$$\overline{S} = \bigcup_{i=1}^{n} \overline{X}_i \qquad (8-2)$$

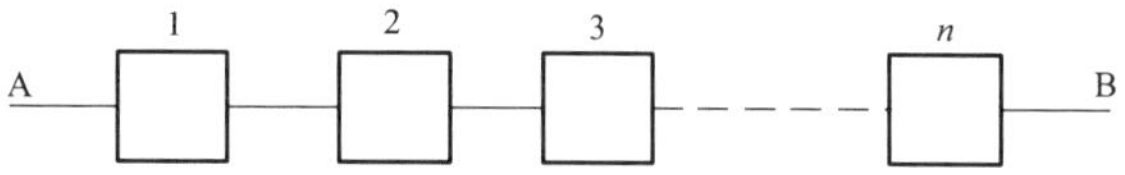

图 8－1　n 个元件串联系统

当这 n 个元件的故障彼此独立时有：

$$P_W = P[S] = \prod_{i=1}^{n} P[X_i] \qquad (8-3)$$

如果每个元件的寿命服从指数分布，即 $R_i(t) = -e^{-\lambda_i t}$，则系统的平均无故障工作时间为：

$$MTTF_S = 1/\lambda_S = 1\Big/\sum_{i=1}^{n}\lambda_i \tag{8-4}$$

对于图 8－2 所示的由 n 个元件组成的并联系统，系统的工作和故障可表示为：

$$S = \bigcup_{i=1}^{n} X_i \tag{8-5}$$

$$\overline{S} = \bigcap_{i=1}^{n} \overline{X}_i \tag{8-6}$$

当有相同的 n 个元件并联时，系统的平均无故障工作时间为：

$$MTTF_S = \sum_{i=1}^{n}\frac{1}{\lambda_i} \tag{8-7}$$

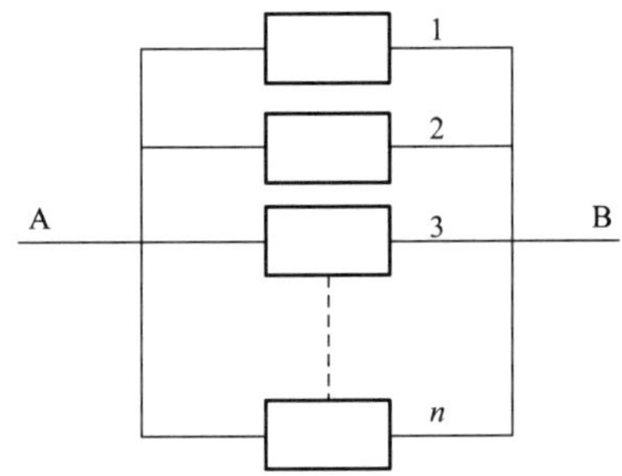

图 8－2 n 个元件并联

当建立网络的逻辑图并对其进行化简后，即可搜索网络的最小连集和最小割集。这一过程可编程利用计算机进行求解。图 8－3（a）是一个桥形接线的网络，A、B 分别为输入和输出点，1～5 是网络中的元件。图 8－3（b）和图 8－3（c）分别给出了网络的最小连集图和最小割集图。

设一个网络已求出所有 j 个最小连集 t_1，t_2，…，t_j 和所有 k 个最小割集 $\bar{c}_1$，$\bar{c}_2$，…，$\bar{c}_k$，则有：

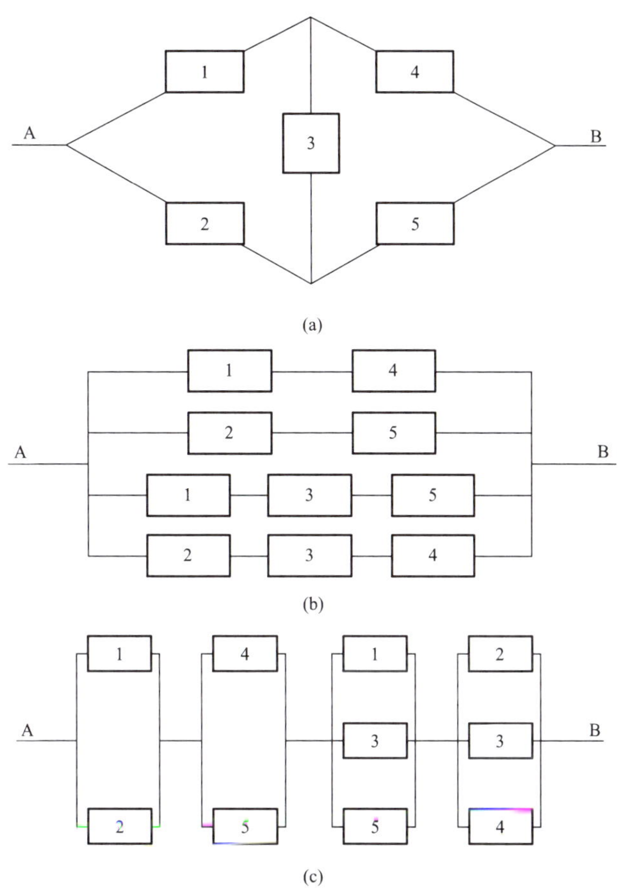

图 8－3　桥形接线网络

（a）桥形接线网络连接图；（b）桥形接线网络最小连集；（c）桥形接线网络最小割集

$$S = \bigcup_{i=1}^{j} t_i \tag{8-8}$$

$$\overline{S} = \bigcup_{i=1}^{k} \overline{c}_i \tag{8-9}$$

可求出系统的可靠性指标 P_W 和 P_F：

$$P_W = P[S] \tag{8-10}$$

$$P_F = P[\bar{S}] \tag{8-11}$$

网络法的流程图见图8－4。

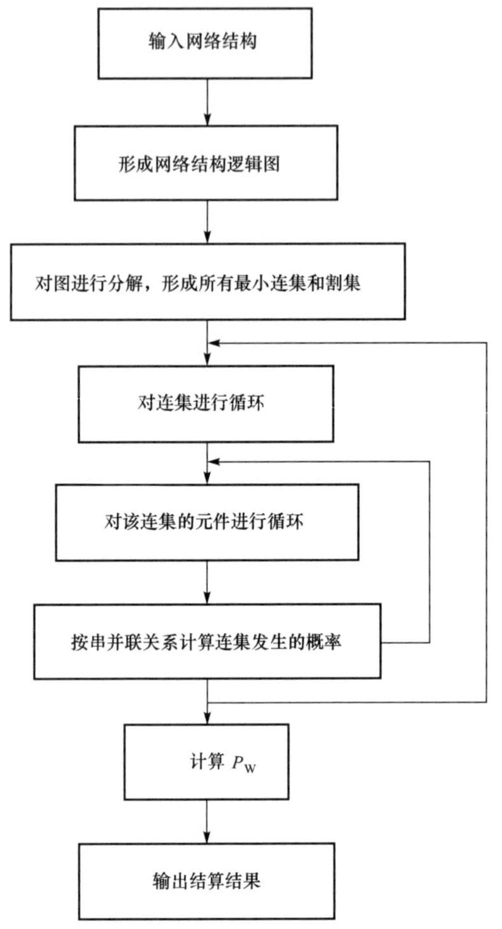

图8－4　网络法流程图

网络法适用于规模较小、元件较少、元件只有工作和故障两个状态的系统的可靠性计算，其计算步骤较为简单，容易编程实现。网络法的缺点是不能模拟较为复杂的运行状态，如多状态元件、相关故障、共模故障等，只能给出系统的部分简单指标。当系统较大时，计算量很大。

（2）故障树分析法。

故障分析法实际上是网络法的一种拓展，把系统最不希望发生的故障状态作为故障状态的目标来研究，并称其为“顶事件”，然后按逻辑上的因果关系向下追溯，直到找到原始的故障机理或概率已知的事件或因素，再根据此故障树分析系统的可靠性指标。其基本步骤包括：

1）选取顶事件。如前所述，一般选择系统的故障状态为顶事件。

2）建立故障树。从顶事件开始，按逻辑因果关系将其分解，并用与门、或门和条件选择等逻辑关系将各子事件联系起来。

3）求出故障树的所有最小割集。设给定的故障树 T，由所有集合 B_1，B_2，…，B_m 组成，即：

$$T = \bigcup_{i=1}^{m} B_i \tag{8-12}$$

这里，$B_i = \{x_{i1}, x_{i2}, \cdots, x_{ik}\}$ 是基本故障事件的集合，仅当这些基本故障事件刚时发生时，顶事件才会发生，则称 B_i 是故障树的一个割集。若一个割集中取走任意一个元件后，它将不再是割集，则称其为最小割集。组成最小割集的基本故障事件的数目为最小割集的阶数。

4）系统可靠性的定量评估。

若已求出所有最小割集 B_1，B_2，…，B_m，则顶事件发生的概率为：

$$P(T) = P\left(\bigcup_{i=1}^{m} B_i\right) = \sum_{i=1}^{m} P(B_i) \tag{8-13}$$

故障树分析法能够查清各种故障的原因，并可以找出对系统可靠性影响较大的元件和薄弱环节，从而有助于改进系统的可靠性性能。整个算法比较直观，易于理解，在设备及元件可靠性，小型的电力网络可靠性分析（如变电站可靠性评估）中应用较多，但由于故障树分析法只能评估系统故障与否，所得的可靠性指标有限，所以一般只用于简单系统的可靠性计算。

（3）状态空间法。

一个特定系统可能出现的全部状态的集合称为状态空间 Ω，状态空间法用系统所处的状态和这些状态之间可能发生的转移来表示系统，并由故障判据划分系统工作状态和故障状态，求得系统的可靠性指标。在元件的故障密度函数服从指数分布的情况下，元件的故障率和修复率都是常数，可用时齐马氏过程描述系统状态的变化，求其解得到系统状态的概率、频率和持续时间指标。

当系统较小时，可以对所有的系统状态一一列举，然后再根据故障判据逐个检验其事故后果，统计可靠性指标。设系统的状态数为 N，每个状态 $X_i \in \Omega$ 的发生概率为 $P(X_i)$，计算得到的指标函数为 $F(X_i)$，$F(X_i)$ 可以表示概率、功率、频率或时间等可靠性指标。则可以用下式计算系统的可靠性指标 $F(X)$：

$$F(X) = \sum_{i=1}^{N} F(X_i) P(X_i) \tag{8-14}$$

对于较大或较为复杂的系统，这种方法的计算量太大。可以考虑将部分状态合理组合来简化状态空间。即便采用了合并故障状态的方法，要对系统进行准确全面的分析，计算量仍然很大。其实对于那些发生概率较小的状态或状态组合，它们对系统可靠性指标的贡献是很小的，因此，在不致引起较大误差的情况下，可以设置一个门槛概率值 ε，发生概率小于 ε 的系统状态可以忽略，不予统计，这种方法称为截断状态空间法。

在计算精度要求不高的情况下，有时可以按某种原则对系统故障状态进行划分，对这些发生概率较大的子集中的状态一一进行列举，并以此统计系统可靠性指标，从而忽略了状态概率较小的多重故障子集。这种方法称为故障枚举。

采用状态空间法的组合系统可靠性评估，一般都采用了合并状

态和截断状态空间的方法以提高计算速度。

二、蒙特卡罗法基本原理

蒙特卡罗（Monte Carlo）模拟法具有随机模拟次数与系统规模无关，适用性强和算法及原理简单，受限制的因素较少等特点，适于大型系统的可靠性评估。但该方法估计量的方差系数随样本容量的增大按平方根的关系下降，使其直接应用于大型复杂且具有高可靠性的电力系统进行可靠性评估有一定困难。

蒙特卡罗模拟的基本思路是运用随机数序列产生一系列的实验样本，当样本数量足够大时，根据中心极限定理或大数定理，样本均值可作为数学期望的无偏估计。样本均值的方差是估计精度的一个标识。

对系统中的任一元件 i，设其强迫停运率为 λ_i，则 x_i 表示其状态，则 x_i 的概率函数为：

$$p(x_i)=\begin{cases}\lambda_i, x_i=1(\text{元件停运})\\ 1-\lambda_i, x_i=0(\text{元件运行})\end{cases} \tag{8-15}$$

对于一个包含 m 个元件的系统来说，其系统状态为 $X=(x_1, x_2, \cdots, x_m)$，而 $P(X)$ 是样本 X 的联合概率分布函数。

$$P(X) = \prod_{i=1}^{m} p_i \tag{8-16}$$

$F(X_i)$ 表示一个可由蒙特卡罗模拟法抽得的 0－1 指示变量，对于不同的样本 i 计算指示函数 $F(X_i)$，如果抽得的系统状态是失效状态，则 $F(X_i)=1$；如果抽得的系统状态是成功状态，则 $F(X_i)=0$；则系统可靠性指标均值和方差为：

$$E(F) = \sum_{X_i \in \Omega} P(X_i) F(X_i) \tag{8-17}$$

$$V(F) = \sum_{X_i \in \Omega} P(X_i)[F(X_i) - E(F)]^2 \tag{8-18}$$

令 U 表示系统失效概率，由于抽样次数的限制，系统的可靠性指标均值的估计可由以下样本均值给出：

$$U = \hat{E}(F) = \frac{1}{N}\sum_{i=1}^{N} F(X_i) \tag{8-19}$$

式中　N——系统状态抽样次数。

其样本方差的估计为

$$\hat{V}(F) = \frac{1}{N-1}\sum_{i=1}^{N}\left[F(X_i) - U\right]^2 \tag{8-20}$$

式中给出的失效概率 U 也是一个随机变量，它取决于样本数和抽样过程。估计的不确定性可用样本均值得方差进行度量，其定义为

$$V(U) = \frac{\hat{V}(F)}{N} = \frac{1}{N(N-1)}\sum_{i=1}^{N}\left[F(X_i) - U\right]^2 \tag{8-21}$$

样本均值的标准差为

$$\sigma = \sqrt{V(U)} = \frac{\sqrt{\hat{V}(F)}}{\sqrt{N}} \tag{8-22}$$

上式表明，有两种措施可以用来减少蒙特卡罗模拟中估计量的标准差：一种为增加样本数，另一种为减少样本方差。

蒙特卡罗模拟产生一个上下波动的收敛过程，不能保证通过增加少量样本就肯定得到更小的误差。然而，可以明确的是误差的上下界或致信范围将随样本数的增加而减少。蒙特卡罗模拟达到的精度水平可用方差系数来衡量，其定义为估计量的标准差除以估计量，即：

$$\eta = \frac{\sqrt{V(U)}}{U} = \frac{\sqrt{\hat{V}(F)}}{U\sqrt{N}} \tag{8-23}$$

方差系数常用作收敛准则。

现代电力系统规模越来越庞大，结构越来越复杂，组成元素呈现多样化，二次系统在电力系统中的作用显著增强，进行可靠性评估，需要考虑的对象众多，而且一、二次系统相互之间的相互影响也更复杂，单纯应用模拟法或解析法难以取得令人满意的结果。蒙特卡罗模拟法与解析法相结合的混合法可充分发挥评估系统可靠性

的两种方法的优势，研究表明了这种改进方法的优越性，同时，改进后的混合法不仅更加适合实际情况，而且考虑的因素也更加具体全面。

8.2.2 基于可靠性的状态检修的评价指标

一般来说系统可靠性的提高意味着投资的提高，因此，对继电保护进行状态检修应该将继电保护可靠性与经济性进行定量的综合研究和分析，强化基于概率的充分性（小概率事件）和安全性相结合的可靠性分析和评估，系统地实行可靠性定量评估制度以提高电力系统效能可以建立如下二次系统可靠性与经济综合评价指标：

（1）可靠度。

保护在规定的条件下和规定的时间区间内能完成规定功能的能力。

（2）可用率。

保护在规定条件下和规定时间区间内处于可执行规定功能状态的能力。

（3）故障率。

保护平均无故障时间的倒数。

（4）平均寿命。

保护的平均维持正常运行的时间。

（5）全寿命周期成本（Life Cycle Cost）。

保护正常运行的时间内的费用。

继电保护的状态检修可以充分利用微机保护完善的自检功能和日益成熟的软件技术，研究相关硬件结构及其强大的通信功能，对继电保护在运行和检修过程中出现的异常情况和不正确动作行为进行针对性分析，研究科学合理、符合系统运行特点的检修项目和检修周期方案。从而解决为检修而检修的盲目检修和因停电困难或人力资源紧张造成的保护检修不足问题。

考虑继电保护系统的可靠运行对电力生产影响十分巨大，直接关系电网运行安全和设备安全，同时也与社会效益关联。从一些实际情况出发要求运行设备的可靠性高检，因此，应以可靠性最优作为保护状态检修决策的制定依据。另外，随着电力改革的深入，经济效益也是需要研究的一个重要问题，在满足可靠性要求的基础上再建立设备可靠性和成本的量化关系，使二次设备寿命拥有成本最低的检修策略。对比基于可靠性最优和全寿命周期成本 LCC 最低这两种状态检修策略，根据实际需求给出一种最优检修策略。

8.2.3 基于可靠性的状态检修系统研究

以可靠性为中心的检修是一套全新的检修管理方法，采用技术分析代替经验规定，在管理中提倡技术分析，用技术分析的结果作为检修决策的依据。以提高可靠性、可用率，延长大修间隔为目的的 RCM 是电力设备检修的必然趋势，有助于技术管理工作由粗放型向集约型的转变。

建立设备状态综合分析和检修生产辅助决策平台是开展状态检修工作的核心，基于可靠性的状态检修分析系统就是对状态检修设备的各种状态量数据进行分析评估，在使用在线检测所收集的设备运行信息的同时，也要充分利用常规的历史试验数据，如设备缺陷信息、运行信息、检修情况等，运用专家系统软件进行综合推理和分析，从而得出设备状态的评价结论，并最终提供状态检修决策建议。

基于可靠性的状态检修系统由：① 设备基础信息数据管理；② 离线试验数据管理；③ 在线监测数据管理；④ 各种规程标准检修导则；⑤ 知识库综合诊断等部分组成。近年来国内外提出的几种状态检修系统结构有：

1）光纤令牌网 + Modem，1991 英国学者提出的一种令牌网结构的状态检修系统。设备异常时采集节点信号并记录数据，将节点数据按网络协议打包，通过令牌网传给当地计算机。同时，用专家系统进行分析，判断为何种类型异常，并给出相应意见。节点数据也可通过 Modem 拨号方式传递到控制中心，实现系统数据共享。

2）基于局域网和 C/S 结构，由香港学者提出采用 3 层结构：① 现场微电子控制器；② 当地控制计算机；③ 远方控制中心计算机。每层完成相应功能，当地计算机与远方控制中心之间采用 Client/Server 结构。

3）基于多智能体技术系统（Multi Agents），以事故处理为中心，具有独立性自主性和交互性。每个代理可以独立完成与自己相关的那部分分析工作，其在分析过程中只用到整个状态检修系统知识库的一部分，由当地计算机作出综合判断。

在检修策略分析调整的过程中，科学的检修决策是建立在长期的数据积累和诊断分析经验之上，因此建立基础数据库十分重要，在线检测对实时掌握设备状态十分有益，理论上讲在线检测掌握的设备信息更准确。

构筑一个强大的状态检修分析系统是开展状态检修工作的基础，系统的架构应以实现状态检修为设计出发点，采用先进的软件技术，考虑系统的实用性，可靠性，可扩展性，立足生产实际，面向作业层，建立闭环的信息管理流程。同时，具备状态检修人工智能分析、辅助决策系统等功能。

状态检修分析系统的人工智能分析技术主要有：① 基于规则的专家系统；② 设备横向比较及历史数据纵向比较分析方法；③ 神经网络法、模糊数学理论及油色谱的电研法，比值法、T D 图法等。

长期以来在变电站二次设备中，由于保护装置与一次系统关系最为密切，一直是人们进行可靠性研究的重点，由于保护系统是一种典型的可修复系统，可修复系统是指系统的组成单元（或零件）发生故障后，经过修理使系统恢复到正常的工作状态。可修复系统可靠性特征量主要有首次平均无故障时间、平均故障间隔时间、平均修复时间、修复率以及系统的有效度等。

显然，由于可修复系统的修复作用，使得对可修复系统的可靠性分析研究要比不可修复系统复杂得多。因此，普遍采用马尔可夫状态模型法（Markov Mode）对其可靠性进行分析求解。马尔可夫过程是1907年由俄国人马尔可夫提出，算法简单、容易掌握、具有很好的实用性。

目前，用于研究可修复系统的主要数学工具是随机过程理论，当构成系统的各单元的寿命分布和发生故障后修复时间的分布以及其他出现的有关分布都为指数分布时，这样的系统被称为马尔可夫可修复系统，其可靠性可由马尔可夫过程来分析。齐次马尔可夫可修复系统可靠性特征量的具体步骤归纳如下：

1）定义系统的状态，要保证所定义的状态足以区分系统的各个不同状况，并根据系统的实际运行情况出成状态转移空间图。

2）根据系统状态转移图形成可靠性分析用状态转移矩阵 $\boldsymbol{A}$。其中：a_{ij} 为状态 i 到状态 j 的转移概率，$a_{ii} = 1 - \sum_{\substack{j=1 \\ j\neq 1}}^{N} a_{ij}$ 为状态 i 自转移概率。运用 $\begin{cases} P \cdot A = P \\ \sum_{n=1}^{N} p_n = 1 \end{cases}$ 计算出系统各状态的稳态概率 $P = \{p_0, p_1, \cdots, p_n\}$，$n = 0, 1, \cdots, N$。

3）根据计算出的系统各状态的稳态概率，形成系统可靠性的评价指标。对保护装置作可靠性研究中，作以下假设：① 装置的可靠度和维修度为指数分布；② 当定期检修或者故障停运后检修时，能够检测出保护装置的故障；③ 检修之后保护装置能恢复到完好的水平；④ 在检修的过程中不会导致新的故障；⑤ 检修的时候保护装置必须停运。

图8－5中，状态0为保护装置正常工作状态，当保护自检检测出保护有故障时，则由状态0转至状态Ⅰ，经过对保护装置的修

复后从状态Ⅰ回到状态0。当保护自检没有检测出保护故障时，则由状态0转至状态Ⅱ，此时只有当装置误动或靠定期检修才能发现保护故障由状态Ⅱ进入状态Ⅰ。状态Ⅲ为保护装置进行定期检修，当定期检修时，从状态0转到状态Ⅲ，完成定期检修后从状态Ⅲ转到状态0。

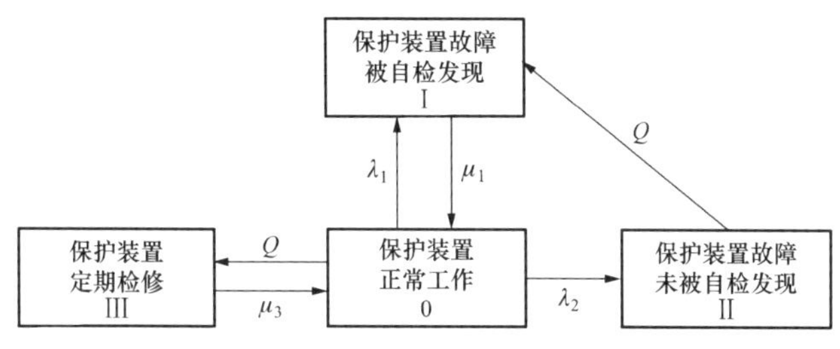

图8-5 保护状态空间示意图

图8-5中的转移概率定义如下：

λ_1 为自检发现的保护装置的故障概率，次/h；

λ_2 为未被自检发现的保护装置的故障概率，次/h；

Q 为定期检修的周期，单位统一为：次/h；

μ_1 为自检发现保护装置故障后的维修率，次/h；

μ_3 为定期检修的维修率，次/h。

利用图8-5的状态空间模型求解各状态的稳态概率，通过马尔可夫状态转移概率矩阵可以计算保护装置处于各个状态的稳态概率，由状态空间图可定义状态转移矩阵为：

$$\boldsymbol{A}=\begin{bmatrix} -(\lambda_1+\lambda_2+Q) & \lambda_1 & \lambda_2 & Q \\ \mu_1 & -\mu_1 & 0 & 0 \\ 0 & Q & -Q & 0 \\ \mu_3 & 0 & 0 & -\mu_3 \end{bmatrix} \tag{8-24}$$

定义4个状态的驻留概率矩阵为：

$$\boldsymbol{P}=[P_0 \quad P_1 \quad P_2 \quad P_3] \tag{8-25}$$

$$\boldsymbol{PA}=[P_0 \quad P_1 \quad P_2 \quad P_3]\times\begin{bmatrix} -(\lambda_1+\lambda_2+Q) & \lambda_1 & \lambda_2 & Q \\ \mu_1 & -\mu_1 & 0 & 0 \\ 0 & Q & -Q & 0 \\ \mu_3 & 0 & 0 & -\mu_3 \end{bmatrix}=0$$

(8－26)

$$\sum_{i=0}^{3} P_i = 1 \quad (8-27)$$

联立以上二式，即可解得：

$$P_0=\frac{\mu_1\mu_3 Q}{\mu_1\mu_3 Q+\mu_3 Q(\lambda_1+\lambda_2)+\mu_1\mu_3\lambda_2+\mu_1 Q^2} \quad (8-28)$$

由此可得保护装置的可用度为：$A=P$。

设：保护装置的不可用概率为 *Relun*（Relay Unavailability）：

$$Relun=P_1+P_2+P_3=1-P_0 \quad (8-29)$$

$$\mu_3=1/12\text{ 次/h},\lambda_2=8.5964\times10^{-6}\text{次/h}$$

当每隔 1181h 左右进行一次检修，*Relun* 可以降到最小。

利用状态检修技术发现故障的概率需要确定几个参数，除定期检修的周期 Q 可以从电力系统有关部门获得外，其他涉及保护运行状态的参数，可以通过故障信息系统所连接的保护运行情况记录数据中分析获得，具体如下：

（1）自检发现保护装置故障的概率 λ_1。

该数据可以利用保护装置自检报告获得，从保护装置投入运行开始至当前时刻，主站所存储的该保护装置自检报告数可认为是保护装置故障并被自检发现的次数 n_1，保护装置运行的时间的累积，这个时间不包括对保护装置进行维修时所花费的时间。求得 $\lambda_1=n_1/T_o$。

（2）未被自检发现保护装置故障的概率 λ_2。

如果自检未发现保护装置的故障，那么将会导致保护装置的误动或者拒动。从保护装置投入运行开始至当前时刻，该保护装置总

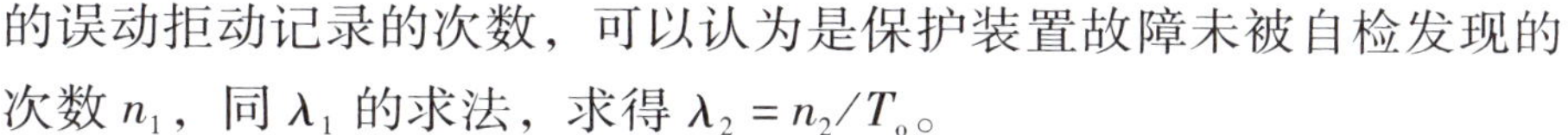

的误动拒动记录的次数，可以认为是保护装置故障未被自检发现的次数 n_1，同 λ_1 的求法，求得 $\lambda_2 = n_2/T_o$。

（3）自检发现保护装置故障后的维修率。

从保护装置投入运行开始至当前时刻，各次自检发现保护装置故障后进行维修所花费的总时间以及总的次数，可以求得平均修复时间 MTTR_1（Mean Time To Repair）。假设维修度为指数分布，可得：$\mu_1 = \dfrac{1}{\mathrm{MTTR}_1}$。

（4）定期检修的维修率 μ_3。

从保护装置投入运行开始至当前时刻，保护装置各次定期维修所花费的时间总和以及总的次数，同 μ_1 的求法，可得 $= \mu_3 = \dfrac{1}{\mathrm{MTTR}_3}$。

因此，可以利用保护自检报告、各种维修统计、装置误动拒动的统计、装置正确动作的统计，求继电保护装置的可靠性特征量。如：误动率 λ_m，拒动率 λ_j，运行失效率 λ_n，平均无故障（有效）运行时间 MTBF、区内故障正确动作率、区外故障正确不动作率、运行正确率等信息，建立马尔可夫模型，求得保护装置在各个状态的稳态概率，从而得到保护装置的可用度、失效率。通过改变 Q 的值，可以获得 A 或者 *Relun* 随着 Q 变化的曲线，这样可以确定一个最佳的检修周期。平均检修周期和自检对于 *Relun* 影响的示意图见图 8－6 和图 8－7。

然而，该方法在实际电力系统中并没有得到好的应用，主要有两个方面的原因：① 利用马尔可夫模型法进行可靠性分析的核心是整个二次系统状态转移矩阵的确定；② 二次设备的各种状态概率信息如装置的平均无故障时间、平均维修率、自检及监视成功率等数据信息确定比较困难，数据收集及整理的工作量很大。

目前，国际上已有较为成熟的可靠性分析工具软件，其中 Relex Studio 以其良好的通用性、集成性、扩展性，已经成为可靠性领

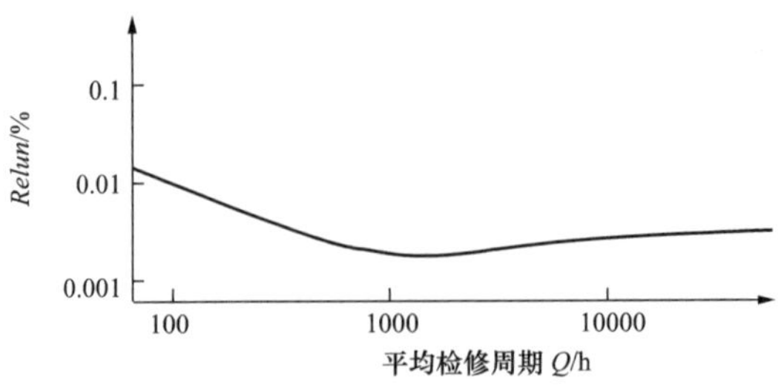

图 8－6　平均检修周期对于 *Relun* 的影响

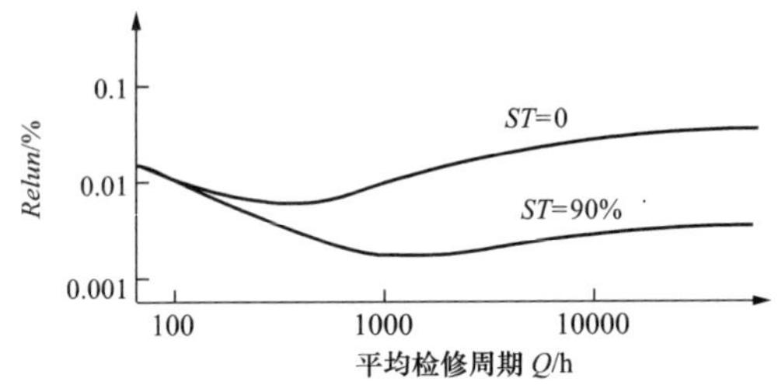

图 8－7　自检对于 *Relun* 的影响

域中的主要分析工具，软件由美国 RELEX 公司开发，是世界第一个集成的可靠性工程平台，在航空航天、电子通信、国防军工、机械制造等行业得以广泛应用。平台中包括故障树、马尔可夫等多种可靠性分析模块，其模型成熟，功能齐全，是进行电力系统二次设备可靠性分析的理想工具。

8.3 经济性分析

8.3.1 状态检修的经济性分析

19 世纪 60 年代以后，由于生产的发展、设备的成套性、联动性、自动化及技术复杂性日益提高，为了确保巨大、复杂的自动化生产系统正常运转，许多工业发达国家都投入了大量人力、物力进行设备维修，维修队伍庞大，维修费用成倍增加。在设备的整个使用期间维修费用的总和往往超过设备原值的 3 ~5 倍。这种现实促使人们更新维修观念，于是维修预防就应运而生。人们认识到设备的可靠性与经济运行仅仅依靠用户的维修无论如何也达不到理想的程度，如果在设计上存在着根本性的缺陷，而通过用户的局部改善维修又不能加以消除，那么无论怎样加强管理也满足不了生产对管理工作提出的经济、可靠、安全的高标准要求。设备管理工作的范围越过使用阶段管理的局限而扩大到设计阶段。所谓“维修预防”，就是在设备的设计研制阶段就考虑到今后的维修问题，要求故障少、修理时间短（易卸、易装、易更换）、费用低，也就是提倡可靠性设计和可维修性设计，其理想目标是要实现免维修设计。维修预防的概念实际上已具备了综合管理的性质。对于使用单位来讲，实行维修预防管理意味着对从工厂购买的定型设备或标准设备，使用单位负有信息反馈的责任，而对于自制或专项订货的非标准设备，则是从设计、制造到整个使用阶段的全过程管理。

除对故障设备所处位置进行分析以外，不同类型设备的故障率也是一项重要的指标。可对不同种类的设备故障进行对比，对例如运行寿命、操作次数、故障时间间隔等数据作为参数。不论选择哪个参数作为评估的依据，都可得到关于先前或今后的维修策略的建议，例如为了评估不同设备的故障性能，将运行年数作为评估参数，即以对应运行年数的故障率来进行计算或说明。

要确保故障率在可接收的范围内，主要目标是持续监测故障性能并建立一个准确的数据库。因此，当在安装保护时，要对在该点安装保护做一个重要性等级定义。根据保护的故障特性及重要性等级，决定检修的时间间隔以及可承受的风险，结合检修成本和新设备成本之间的关系，来确定设备的合理更换时间。

8.3.2 联系经济效益的可靠性评价方法

电力系统的故障可看作一个随机事件流，如图 8 – 8 所示，

“＊”代表事件。

——— ＊ ——— ＊ ——— ＊ — ＊ ———→ t

图 8－8　随机事件流示意图

令 $N(t)$ 表示在时间［0，t］内发生故障次数的数学期望，同时发生 n 次故障，按 n 次计算：

$$N(\Delta t) = N(t+\Delta t) - N(t) \tag{8-30}$$

表示在时间［t，$t+\Delta t$］内故障次数的数学期望，则事件流的强度可表示为：

$$\begin{aligned}\mu(t) &= \mathrm{d}N(t)/\mathrm{d}t = \lim_{\Delta t \to 0}[N(t+\Delta t) - N(t)]/\Delta t \\ &= \lim_{\Delta t \to 0}\left[\sum_{n=1}^{\infty} nP_n(t+\Delta t) - \sum_{n=1}^{\infty} nP_n(t)\right]/\Delta t\end{aligned} \tag{8-31}$$

$$n = N(t+\Delta t) - N(t) = \int_t^{t+\Delta t} \mu(t)\,\mathrm{d}t \tag{8-32}$$

式中　n——Δt 时间内发生事故的次数；

P_n——发生 n 次事故的概率。如果事件流是恒稳的随机过程，则 $\mu(t)$ = 常数，$n = \mu(t)\Delta t$。

对于一个连续生产的机器设备，设 Q 为该设备单位时间的生产能力（产量或其产值），Q_n 为该设备在时间 t 内的生产能力，则：

$$Q_n = Q_t \tag{8-33}$$

图 8－9 示出了该设备由于工作不可靠而停产的时间 Δt_1、Δt_2…。

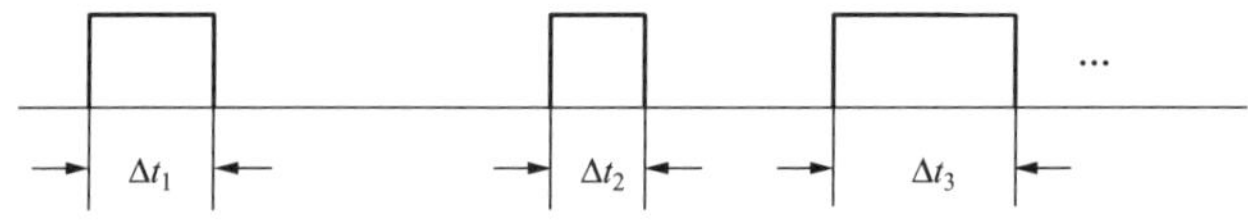

图 8－9　设备停产的事件流示意图

则由于可靠性不高而造成的损失见式（8－34）：

$$\Delta Q = Q\sum_{i=1}^{\infty} \Delta t_i \tag{8-34}$$

该设备的失效率按经济损失可表示为：

$$f = \Delta Q/Q_n = Q\sum_{i=1}^{\infty}\Delta t_i/(Qt) \tag{8-35}$$

继电保护装置也是连续工作的设备，但继电保护装置有其特殊性，继电保护的生产能力（产值）等于其可靠动作切除故障所避免的经济损失。因此，只有在电力系统发生故障时继电保护装置才有生产成果，创造经济效益。同理，继电保护不正确动作造成的经济损失就相当于上述机器设备停产造成的损失。因此，继电保护的失效率是它所有的不正确动作造成的电力系统和用户的经济损失与每次都正确动作所避免的经济损失之比；继电保护的可靠性指标 R 应该定义为（$1-R_f$）×能性 100% ，即它实际创造的经济效益和工作绝对可靠时所创造的经济效益之比。

这种指标就可促使继电保护工作人员不断分析每个保护装置不正确动作所造成后果的严重性，并特别注意那些不正确动作可能造成严重后果和巨大经济损失的保护装置，因而，这种指标可直接反映电力系统运行的安全性和经济性。各继电保护装置不正确动作引起的停电范围和造成的直接和间接经济损失都是可以估算出来的，这种可靠性指标是可以计算的。对于按不同出口逻辑，如“或”、“与”及“三取二表决”出口逻辑的保护装置也可按上述方法计算，例如，对于两套主保护按“或”门输出的情况，其中一套主保护拒动不会造成经济损失，不影响可靠性指标。

8.3.3 继电保护可靠性指标的计算方法

继电保护的不正确动作有三种类型：① 拒动（Refuse to Operate）用下标 r 表示；② 非选择性动作，或称多余动作（Non-Selected Operation），用下标 n 表示；③ 误动（Mal-operate），用下标 m 表示。设这些不正确动作都是独立事件，相互之间无因果关系，因此也可用图 8-8 所示的随机事件流表示。设：

P_r 为保护拒动的概率密度，即极短时间内（$\Delta t\to 0$ 时）事件出现的概率，设为常数（下同）。

P_n 为保护非选择性动作的概率密度；

P_m 为保护误动作的概率密度；

P_{inf}为保护区内故障的概率密度；

P_{extf}为保护区外故障的概率密度。

P_{hr}为保护产生拒动隐患的概率密度，保护拒动是保护有拒动隐患（如出口继电器线圈断线等）和区内故障同时作用的结果。

因此：$P_r = P_{hr}P_{inf}$

P_{hn}为保护有非选择性动作隐患的概率密度保护非选择性动作是保护有非选择性动作隐患（例如保护时限整定上下级不配合）和区外故障同时作用的结果。

则：$P_n = P_{hn}P_{extf}$

设 n_r、n_n、n_m 分别为时间［0，t］内保护拒动、非选择性动作和误动的次数；Q_r、Q_n、Q_m 分别为一次拒动、一次非选择性动作和一次误动作造成的经济损失，则

$$n_r = P_r t = P_{hr}P_{inf}t \tag{8-36}$$

$$n_n = P_n t = P_{hn}P_{extf}t \tag{8-37}$$

$$n_m = P_m t \tag{8-38}$$

在［0，t］时间内，保护不正确动作造成的经济损失为：

$$\begin{aligned}\Delta Q &= \Delta Q_r + \Delta Q_n + \Delta Q_m = n_r Q_r + n_n Q_n + n_m Q_m \\ &= Q_r P_{hr}P_{inf}t + Q_n P_{hn}P_{extf}t + Q_m P_m t\end{aligned} \tag{8-39}$$

如果保护装置绝对可靠，即正常运行时没有误动，外部故障时没有非选择性动作，内部故障时都正确动作，则保护装置在时间 t 内创造的价值为：

$$Q = Q_r P_{inf}t \tag{8-40}$$

保护装置的失效率为：

$$R_f = \Delta Q/Q \tag{8-41}$$

前面提到，保护装置的可靠性指标 R 可定义为在时间 t 内保护

装置实际创造的价值 $Q-\Delta Q$ 与保护装置绝对可靠时创造的价值之比，即：

$$R=1-R_{f}=[(Q-\Delta Q)/Q]\times 100\%$$
$$=(1-P_{hr}-\alpha P_{hn}-\beta P_{m})\times 100\% \qquad (8-42)$$

其中：$\alpha=P_{extf}Q_{n}/(P_{inf}Q_{r}),\beta=Q_{m}/(P_{inf}Q_{r})$

上述是对一个保护装置进行的可靠性评价，如果将全网每个保护装置 Q 和 ΔQ 相加并按式（8-42）计算即可得到全网继电保护装置的可靠性指标。显然，如果所有保护装置都能正确工作，即 $\Delta Q=0$，则 $R=100\%$。

提高继电保护装置不误动的可靠性（安全性）和提高其不拒动的可靠性（依赖性）的措施总是矛盾的，在任何情况下对这两种可靠性提出同样高的要求是不合理的，也是做不到的，因此应视系统情况和继电保护的配置方案有所侧重。电源备用容量充足，网络结构的冗余度较大时，如在多回线路或环网等条件下，误跳一回线路对电网影响不大时，要侧重于提高不拒动的可靠性。当保护配置方案中冗余度较高时，例如在线路保护有完全独立的双主保护和基本独立的后备保护的情况下，应侧重于防误动的可靠性，因为这时若有一套主保护拒动，还有另一套主保护可以动作。尤其是目前的微机保护维护检修使保护退出的时间很短，因而绝大部分时间都有两套主保护同时运行。两套主保护有一套在故障时拒动不能认为是严重事故，因为设置两套主保护就是考虑到可能有一套主保护拒动，否则，没必要设置两套主保护。在上述可靠性评价方法中，自然考虑了这一问题，两套主保护中有一套拒动，一套正确动作，不会造成经济损失。

过去，非微机的常规保护中的电子元件、线圈的接点很多，任一元件损坏、线圈断线或接点不灵活都会造成装置在故障时拒动，因此，防拒动是主要的。微机保护有完善的自检功能，能检查出任何可引起拒动的硬件的损坏，并发出告警信号，及时消除。但对于突然出现的可引起误动的干扰或硬件损伤，自检可能来不及处理，故对于微机保护而言，应该侧重于防误动。因此，对于非微机的两套主保护通常采用“或”门输出，而对于微机保护可能用“与”门输出比较合适。当然，如果拒动可能造成严重后果或巨大经济损失，还是应该用“或”门输出。对于重要设备或关键环节应该装设三套主保护，采取“三取二”表决方式输出，这对于防误动和防拒动都有好处。

按上述可靠性评价方法计算时，根据三种出口逻辑会得出不同的可靠性指标，应该根据保护装置的误动概率、拒动概率和各自造成的经济损失计算出可靠性指标，再结合其他方面的因素综合考虑，以选取出口逻辑类型。

8.4 小结

本章从安全性、可靠性、经济性等方面分析了保护状态检修的价值和意义，保护状态检修对于电网的安全性效益主要体现确保电网安全稳定运行的第一道防线的可靠，及时消除设备的缺陷，最大限度地避免电网发生事故时由于保护装置的缺陷导致事故的扩大和恶化。同时，依据可靠性分析理论，阐述可靠性分析的基本方法，分析了建立状态检修技术的可靠性指标体系的意义，提出了可靠性评价体系的思路。借鉴随机事件流分析的思路，分析了联系经济效益的可靠性评估方法，实现了设备的可靠性与经济运行的有机结合。

第九章

数字化变电站技术对于状态检修的影响

9.1 数字化变电站概述

9.1.1 数字化变电站技术背景

随着微电子技术、信息技术、网络通信技术、光电技术的发展，变电站自动化系统面临新的发展机遇，“数字化变电站”技术已成为应用的研究热点。数字化变电站技术发展的主要支撑技术体现为：① 非常规互感器技术；② IEC61850 标准；③ 网络通信技术；④ 智能断路器技术。具体如下：

（1）非常规互感器技术。

光电技术和计算机技术的飞速发展，使得非常规互感器显现出富有魅力的前景和强大的生命力，具有良好的绝缘性能、较强的抗电磁干扰能力、测量频带宽、动态范围大，新型光电/电子式互感器充分利用了电光晶体的各种优异特性和现代光电技术的优点，信号处理部分采用先进的数字信号处理 DSP（Digital Signal Processing）技术，具有实时性、快速性和便于进行复杂算法处理等特点。近年来这种新型互感器引起了电力行业广泛的关注，加上 DSP 技术、光电技术的催化和推动，呈现了很好的发展势头。

非常规互感器有两种基本类型，一种是电子式互感器，另一种是电光效应的互感器。其最大特点就是可以输出低压模拟量和数字量信号，直接用于微机保护和电子式计量设备，去除了许多中间环节，适应电力系统数字化、智能化和网络化的需要，由于动态范围比较大，能同时适用于测量和保护两种功能。因此，非常规互感器对于变电站自动化系统的发展将具有革命性意义。

（2）IEC61850 标准。

IEC61850 标准是新一代的变电站通信网络和系统协议，适应分层的智能电子装置和变电站自动化系统，该协议根据电力系统生产过程的特点，制定了满足实时信息传输要求的服务模型；采用抽象通信服务接口、特定通信服务映射，以适应网络发展；采用面向对象建模技术，面向设备建模和自我描述，以适应功能扩展，满足应用开放互操作要求；采用配置语言，配备配置工具，在信息源定义数据和数据属性；定义和传输元数据，扩充数据和设备管理功能；传输采样测量值等。该系列标准还包括变电站通信网络和系统总体要求、系统和工程管理、一致性测试等。

IEC61850 标准是全世界唯一的变电站网络通信标准，也将成为电力系统中从调度中心到变电站、变电站内、配电自动化无缝自动化标准，IEC61850 标准的发展方向是实现“即插即用”，在工业控制通信上最终实现“一个世界、一种技术、一个标准”。IEC61850 标准为电力系统自动化产品的“统一标准、统一模型、互联开放”的格局奠定了基础，使变电站信息建模标准化成为可能，信息共享具备可实施的基础前提。

（3）网络通信技术。

电力系统二次系统作为一次系统的辅助回路，主要是由测量仪表、控制及信号装置、继电保护装置、自动控制及监测或反馈装置、远动装置及相关控制回路等组成。二次系统的作用是对电气一次系统进行测量、控制、监视和保护。当一次系统运行不正常或者发生故障时，二次系统根据异常时电气量的变化，发出相应的信号，报警或者切除故障电气设备。由于传统的二次设备不但需要从互感器中获得一次系统的电压、电流信号，还需要利用一定的功率来驱动二次设备，互感器到二次设备以及二次设备间多采用模拟式通信方式。

二次系统包括信号回路和控制回路，而互感器输出的电压、电流值由电缆传送到各个二次设备构成了主要的二次回路。随着二次设备逐步升级换代到微机型设备，光纤通信技术、网络技术的飞速发展及其在变电站自动化系统中的不断深入应用，加上电力系统规模的扩大和自动化水平的提高，用数字通信手段传递电量信号，用光纤作为传输介质取代传统的金属电缆，构成网络通信的二次系统已成为可能。

网络技术的发展是变电站自动化技术从集中式向分布式发展的基础，二次设备不再出现常规功能装置重复的I/O现场接口，通过网络真正实现数据共享、资源共享，常规的功能装置变成了逻辑的功能模块。以太网技术正被广泛引入变电站自动化系统过程层的采集、测量单元和间隔层保护、控制单元中，构成基于网络控制的分布式变电站自动化系统，系统的通信具有实时性、优先级、通信效率高等特点。

（4）智能断路器技术。

非常规互感器的出现以及计算机的发展，对于断路器设备内部的电、磁、温度、机械、机构动作状态监测已经成为可能，运行人员可通过收集分析检测数据，判断断路器设备运行的状况及趋势，安排检修和维护时间，实现设备的状态检修，代替传统的定期检查试验和预防性试验。智能化一次设备采用数字化的监视和控制手段，机械结构简单，体积小。既减少了设备停电检修的几率和时间，减少了运行成本，也减少人为因素造成的设备损坏。

智能操作断路器是根据所检测到的电网中断路器开断前一瞬间

的各种工作状态信息，自动选择和调整操动机构以及与灭弧室状态相适应的合理工作条件，以改变现有断路器的单一分闸特性。例如，在无载时以较低的分闸速度开断，而在系统故障时又以较高的分闸速度开断等。这样，就可获得开断时电气和机构性能上的最佳开断效果。

9.1.2 数字化变电站主要技术特征

（1）数据采集数字化。

作为数字化变电站技术应用的主要标志之一就是在电流、电压的采集环节采用非常规互感器，如光电式互感器或电子式互感器，实现了电气量数据采集环节的数字化应用，其特点在于：① 可以实现一、二次系统电气上的有效隔离；② 电气量动态测量范围大，测量精度高，为实现常规变电站装置冗余向信息冗余的转变，实现信息集成化应用提供了前提；③ 对于低驱动功率的变电站二次系统设备可以直接实现数字化接口应用。如图 9－1。

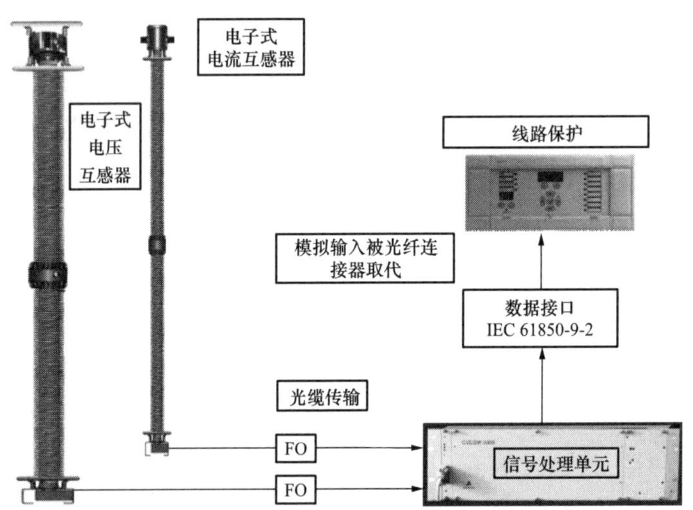

图 9－1　非常规互感器与控制保护设备的连接方式

（2）系统分层分布化。

根据 IEC61850 标准体系的描述，变电站的一、二次设备可分为三层：① 站控层；② 间隔层；③ 过程层。过程层通常又称为设备层，主要是指变电站内的变压器和断路器、隔离开关及其辅助触点，电流、电压互感器等一次设备。变电站综合自动化系统主要指间隔层和站控层。间隔层一般按断路器间隔划分，具有测量、控制元件或继电保护元件。测量、控制元件负责该间隔的测量、监视、断路器的操作控制和联闭锁，以及时间顺序记录等，保护元件负责该间隔线路、变压器等设备的保护、故障记录等。因此，间隔层由各种不同间隔的装置组成，这些装置直接通过局域网络或者串行总线与变电站层联系；也可设有数据管理机或保护管理机，分别管理各测量、监视元件和各保护元件，然后集中由数据管理机和保护管理机与变电站层通信。变电站层包括监控主机、远动通信机等。变电站层设现场总线或局域网，实现各主机之间、监控主机与间隔层之间信息交换。

分层分布式系统按站内一次设备（变压器或线路等）实现面向对象的分布式配置，其主要特点是：不同电气设备均单独安装具有测量、控制和保护功能的元件，如数字式保护和测控单元等，任一元件出现故障，不会影响整个系统正常运行；分布式系统实现多 CPU 工作模式，每个单独的装置都具有一定的数据处理能力，从而大大减轻了主控制单元的负担；系统自诊断能力强，能自动对系统内所有装置进行巡检，及时发现故障并加以隔离；系统扩充灵活、方便。

基于 IEC61850 标准的数字化变电站确立了电力系统的建模标准，采用面向对象建模技术，软件复用技术，高速以太网技术，嵌入式系统技术和嵌入式实时操作系统 RTOS（Real Time Operation System）技术，XML 技术等，体现了“软件总线”的概念，实现软件领域的“即插即用”。满足了电力系统实时性、可靠性要求，有效地解决了异构系统间的信息互通、数据内容与显示处理分离、自定义性和可扩展性等问题。使得变电站分层分布式方案的实施具备了可靠的技术基础，变电站的分层分布结构示意图见图 9－2。

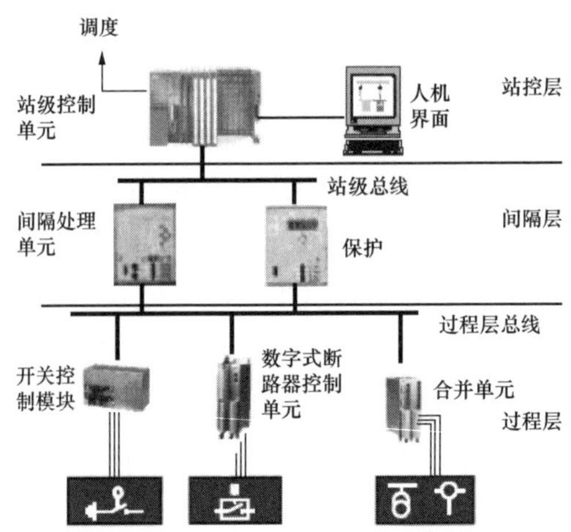

图 9－2　数字化变电站分层分布结构示意图

（3）系统结构紧凑化。

GIS 组合电器将断路器、隔离开关和接地刀闸、TA 和 TV 以及母线组合在一个 SF_6 绝缘的密封壳体内，实现了变电站布置的紧凑化。用于户外变电站的集成型断路器设备（Switchgear）指的是金属壳内、SF_6 绝缘的开关模块和空气绝缘元件的组合体。集成型断路器有不同的组合模式，能够大幅度减少土地占用、减少寿命周期成本的模式是在一个封闭的充满 SF_6 绝缘气体的金属壳内将一个间隔内每相断路器、隔离开关和接地刀闸、电压和电流变换器组合成一个整体，出线由支持绝缘子引出的集成型断路器设备系统。图 9－3（a）所示为一种双母线断路器设备系统，图 9－3（b）为常规断路器设备系统的单线图。图 9－4 为集成型断路器设备系统示意图。

目前 SF_6 断路器的操作能量已减少到最初的 20%，并可期望进

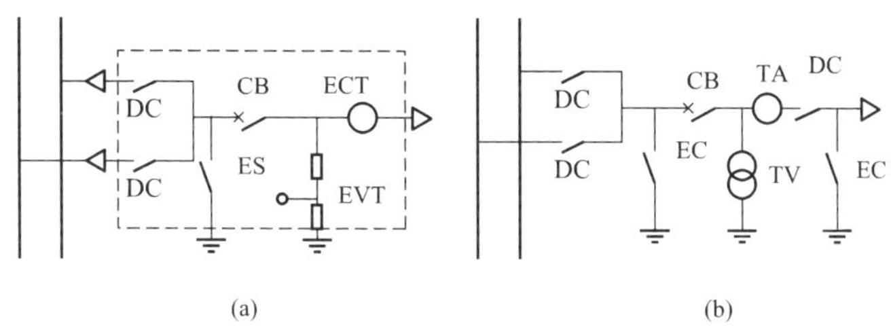

图 9－3 双母线断路器设备系统单线示意图

（a）紧凑型组合电器；（b）常规断路器设备系统

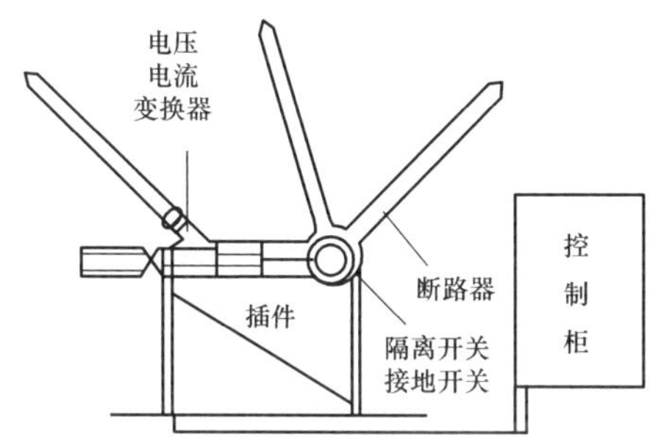

图 9－4 双母线集成型断路器设备系统设备示意图

一步减少到 10%。操作能量的大幅度减少有可能使断路器的断开与闭合用电力电子和微机组成的控制装置代替常规的辅助开关、继电器等有触点的控制器，同时为断路器智能化应用技术的实现提供了基础。实现断路器操作智能化必须在断路器内嵌入电压和电流变换器，并作为智能控制装置的输入，由微机控制的二次系统、智能装置 IED 和相应的智能软件来实现智能化操作。

数字化变电站的特征之一就是由智能断路器或其他紧凑型断路器设备、非常规互感器、集成自动化系统按先进设计理念进行设备布置。在高压和超高压变电站中，保护装置、测控装置、故障录波及其他自动装置的 I/O 单元，如 A/D 变换、光隔离器件、控制操作回路等作为智能一次设备的一部分。智能化一次设备的数字化传感器、数字化控制回路代替了常规继电保护装置、测控等装置的 I/O

部分；而在中低压变电站则将保护、监控装置小型化、紧凑化，完整地安装在开关柜上，实现了变电站机电一体化设计。

在这种变电站中隔离开关和接地刀闸元件数量明显减少，如图 9－5 所示，选用单母线连接的集成型断路器设备系统构成一个半断路器接线，与常规布置相比，一个间隔内隔离开关从 8 个减少到 3 个，接地刀闸从 11 个减少到 3 个。变电站的一次和二次设备实现了集成，断路器控制系统、非常规互感器和间隔的控制保护系统可有机组合在间隔电气柜或小室内并将其布置在一次设备附近。

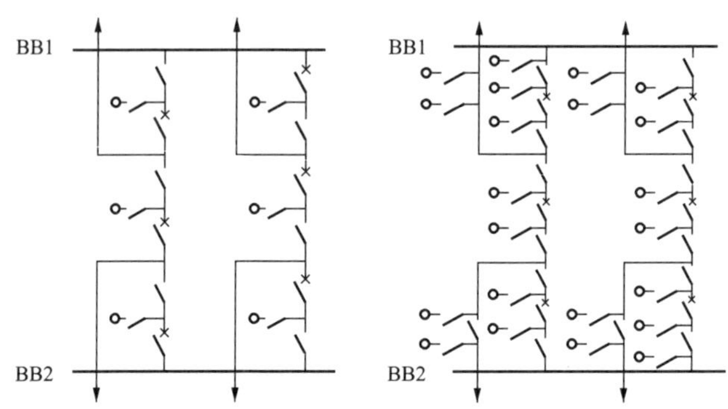

图 9－5　紧凑型和常规型变电站一个半断路器接线图

（4）系统建模标准化。

IEC61850 标准为变电站自动化系统定义了统一、标准化信息和信息交换模型，主要意义在于：实现智能设备的互操作性，采用了对象建模技术、抽象通信接口技术和设备自描述规范，智能设备之间实现了通信协议和通信接口一致性，具有互操作性；实现变电站信息共享，对一、二次设备进行统一建模，变电站站内及变电站与控制中心之间实现了无缝通信体系，真正实现了信息共享。

支持系统协调工作，基于信息共享的各种运行支持系统，如一次设备运行状态检测系统等，可以功能优化并与变电站的运行系统协调工作。作为数字变电站应用的标志之一就是各个 IED 和各变电站的数据都是自我描述的、重复使用数据类、简化数据维护、无缝的命名规则、对数据统一建模、容易集成到 Web 技术；具有灵活性、可扩性、可用性。

IEC61850 标准采用统一建模语言 UML（Unified Modeling Language）作为基于面向对象技术的标准建模语言，UML 是一种定义良好，易于表达，功能强大，且普遍适应的可视化的建模语言。融入了软件工程领域的新思想、新方法和新技术，不仅可以支持面向对象的分析和设计，更重要的是能够强有力地支持从需求分析开始的软件开发的全过程。

UML 帮助人们对现实世界问题进行科学地抽象，进而建立简明准确的表示模型。这些模型成为标准后，电力系统的各种应用就不再依赖信息的内部表示，共用一种“语言”讲话，各种异构系统的集成将变得简单有效。

IEC61850 标准的第六部分提出了变电站配置描述语言 SCL，SCL 能描述变电站内各个 IED 以及它们之间的关系。SCL 以 XML 为基础，XML 是万维网联盟 W3C（World Wide Web Consortium）制定的用于描述数据文档中数据的组织和安排结构的语言。定义了利用简单、易懂的标签对数据进行标记所采用的一般语法，提供了计算机文档的一种标准格式。XML 文档中包含的数据是文本字符串，描述这些数据的文本标签围绕在周围。数据和标签有一个特别的单位称为元素（Element）。XML 是一种文本文档的元标记语言（Meta Markup Language）。因此，在 XML 中，可以自由定义标签，充分表达文档的内容。

变电站配置描述语言 SCL 用来描述通信相关的 IED 配置和参数、通信系统配置、变电站结构及它们之间的关系。主要目的是在不同厂家的 IED 配置工具和系统配置工具之间提供一种可兼容的方式，实现可共同使用的通信系统配置数据的交换。

IEC61850 标准核心可归纳为信息建模、抽象服务、具体映射三部分，其中：

1）定义了二十多种公共数据类型 CDC（Common Data Class），近一百种兼容逻辑节点（CPLN）和三百多种兼容数据类型（CP-DC），用来表示变电站的具体信息。

2）定义了抽象通信服务接口 ACSI（Abstract Communication Service Interface），描述了服务器和客户端间的通信：实时数据交换、事件报告、设备自我描述、文件传输等。ACSI 使整个标准向通信开放，独立于某个具体通信网络。

3）定义了特定通信服务映射 SCSM（Special Communication Service Mapping），将 ACSI 映射到特定的通信网络协议，如制造报文规范 MMS（Manufacturing Message Specification）、TCP/IP、各种现场总线、串行线等。

这三部分有机地结合起来，完善地解决了面向对象自我描述问题，显著降低数据管理费用，简化了数据维护，见图 9－6。

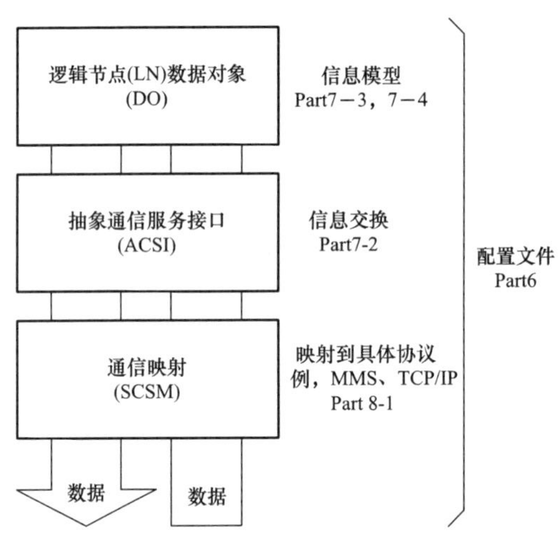

图 9－6 IEC61850 分层通信体系

IEC61850 标准为实现变电站一、二次设备建模标准化提供了有效工具，确立了变电站网络通信标准。

（5）信息交互网络化。

数字化变电站自动化系统在逻辑结构上分为三个层次，这三个层次分别称为“变电站层”、“间隔层”、“过程层”。在变电站层—间隔层—过程层结构分层的变电站内，需要传输的数据流有如下几种：① 过程层与间隔层之间的信息交换，过程层的各种智能传感器和执行器可以自由地与间隔层的装置交换信息；② 间隔层内部的信息交换；③ 间隔层之间的通信；④ 间隔层与变电站层的通信；⑤ 变电站层的内部通信，在变电站层不同设备之间存在信息流，各种数据流在不同的运行方式下有不同的传输响应速度和优先级的要求。

通信网络作为实现变电站自动化系统内部各种 IED，以及与其他系统之间的实时信息交换的功能载体，通信网络是连接站内各种智能电子设备 IED 的纽带，必须能支持各种通信接口，满足通信网络标准化。随着变电站的无人化以及自动化信息量的不断增加，通信网络必须有足够的空间和速度来存储和传送事件信息、电量、操作命令、故障录波等数据。

因此，构建一个可靠、实时、高效的网络体系是通信系统的关键之一，2000 年国际大电网会议第 34 组保护与控制讨论和介绍了变电站自动化及其通信系统，确立了通信技术是变电站自动化系统关键的基本思想。

数字化变电站内设备之间连接全部采用高速的网络通信，二次设备不再出现常规功能装置重复的 I/O 现场接口，通过网络真正实现数据共享、资源共享，常规的功能装置变成了逻辑的功能模块。通信网络的性能要求主要体现在以下几个方面。

1）可靠性（Reliability）：电力生产连续性和重要性决定了站内通信网络可靠性是第一位的，应避免一个元件或装置损坏导致站内通信中断，可靠的通信网络是数字化变电站的基础。

2）开放性（Openness，Extendibility）：站内通信网络除了保证站内 IED 互联、便于扩展外，还应服从电力调度自动化的总体设计，硬件接口应满足国际标准，选用国际标准的通信协议，方便系统集成。

3）实时性（Real-time）：测控数据、保护信号、遥控命令等要求实时传送，正常工作时站内数据流不大，但出现故障时要传送大量的数据，要求信息能在站内通信网络上快速传送。

4）安全性（Security）：基于IEC61850标准的通信网络体系结构在上层协议上是一致的，这将大大提高变电站内设备的互操作性和互换性。但是协议的开放性和标准性同样带来一个重要的问题：电力运行系统的安全性问题，尤其二次系统通信网络安全性问题。

5）同步性（Synchronization）：常规变电站自动化系统中测控单元、保护装置、故障录波器的信息采集和处理一般是在同一装置内的CPU控制下进行，信息的采样同步、A/D转换、运算、输出控制命令的完成在装置内部实现，而数字化变电站的系统中信息的采集、处理、传输主要依托网络实现，因此，信息流量控制、信息同步性十分关键，网络通信速度的提高和合适的通信协议的制定是实现数字化变电站技术应用的关键，信息的同步将采取网络同步机制。

（6）信息应用集成化。

常规变电站的监视、控制、保护、故障录波、量测与计量等几乎都是功能单一的相互独立的装置和系统。这种按功能划分的变电站自动化系统，硬件重复配置、信息不共享、TV和TA负载重、二次接线复杂、整体可靠性差、投资成本大。面向对象技术将原来分散的二次装置进行合理的功能集成有利于简化二次系统结构，提高系统的可靠性和可用率。数字化电气量测技术和智能集成开关系统的开发和应用，可提供数据和信息的集中采集，统一传送，不同功能共享的模式。

集成型自动化系统就是将间隔层的控制、保护、故障录波、事件记录和运行支持系统的数据处理等功能集成在一个统一的多功能数字装置内，间隔内部和间隔间以及间隔同站级间的通信用少量的光纤总线实现，取消传统的硬线连接。自动化系统的集成可分为两个层次，即间隔层和变电站层。

间隔层的集成是构筑一个通用的硬件和软件平台，将间隔内的控制、保护、监视、操作闭锁、诊断和计量等功能集成在这个通用平台上。通用的硬件平台由一组元件组成的多功能装置，这种通用硬件平台可以是多 CPU 组成的并列处理系统；通用的软件平台指的是在多功能硬件装置内建立统一的数据输入与数据库，按功能建立功能软件模块，完成各功能任务，并进行功能协调优化。这样原来间隔内必须执行的功能将不再配置专用的硬件装置。

变电站层集成是自动化需要在变电站层处理的各个功能通过站内通信网络组合在统一的系统中，这样面向不同任务的分隔系统和多个通信网络不再需要，从而简化了网络结构和通信规约。间隔层和变电站层功能集成的划分原则应是：凡间隔层能执行的功能不应由站控层来执行，凡过程层能执行的功能不应由间隔层处理，以实现功能分层分布优化处理。通过统一的通信网络与站控层相连，由站控层的计算机系统对各功能进行协调。

（7）设备检修状态化。

数字化变电站中电流、电压的采集、二次系统设备状况、操作命令的下达和执行，完全可以通过光纤实现信息的有效监测，变电站内可以有效地获取电网的运行状态数据、各种 IED 装置的故障和动作信息，监测操作及信号回路状态，设备状态特征量的采集上没有盲区，在此基础上可实现常规的变电站设备“定期检修”为“状态检修”。实现状态检修后，系统的可用率将大大提高。

（8）设备操作智能化。

高压断路器二次技术的发展趋势是用微电子、计算机技术和非常规互感器建立新的断路器二次系统，如 ABB 公司的 PASS（Plug&Switch System），SIEMENS 公司的 HIS（Highly Integrated

Switchgear）等，其主要特点是：

1）以微电子、计算机技术为基础的控制回路组成执行单元，代替常规机械结构的辅助开关和辅助继电器。可按电压波形控制跳、合闸角度，精确控制跳、合闸过程的时间，减少暂态过电压幅值。

2）断路器设备的专用信息由装在断路器设备内基于计算机技术的控制单元直接处理，使断路器能独立地执行其当地功能，而不依赖于变电站层的控制系统。

3）非常规互感器与微机型控制元件相配合，独立采集运行状态数据，可有效地判断断路器的工作状况。

4）连续自我检测和监视断路器一次、二次系统设备，可检测设备缺陷和故障，在缺陷变为故障之前发出报警信号，为状态维修提供参考。

实现断路器的智能化必须在断路器内嵌入电压和电流变换器，并作为智能控制元件的输入，断路器系统的智能性由微机型控制单元、智能型接口装置和相应的控制软件来实现。保护和控制命令可以通过光纤网络而非常规变电站的二次回路系统，实现与断路器操动机构的数字化接口应用。

9.1.3 数字化变电站自动化系统架构

数字化变电站以非常规互感器代替了常规继电保护装置、测控等装置的I/O部分；以交换式以太网和光缆组成的网络通信系统替代了以往的二次连接电缆和回路；系统可实现分层分布设计；智能化一次设备技术的实现使得控制回路实现了数字化应用，常规变电站部分控制功能可以直接下放。

（一）基本结构

从物理上看，数字式变电站仍然是一次设备和二次设备（包括保护、测控、监控和通信设备等）两个层面。由于一次设备的智能化以及二次设备的网络化，数字式变电站一次设备和二次设备之间的结合更加紧密。从逻辑上看，数字化变电站各层次内部及层次之间采用高速网络通信，三个层次关系如图9－7所示。

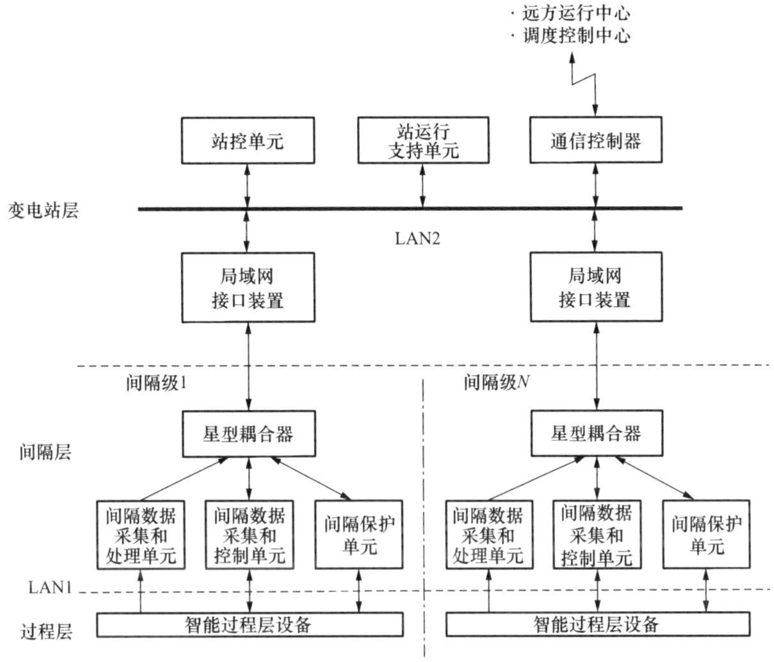

图9－7 数字化变电站的架构体系

（1）过程层。

过程层是一次设备与二次设备的结合面，或者说过程层是指智能化电气设备的智能化部分。过程层的主要功能分三类：① 实时运行电气量检测；② 运行设备状态检测；③ 操作控制命令执行。

（2）间隔层。

间隔层的主要功能是汇总本间隔过程层实时数据信息；实施对一次设备的保护控制功能；实施本间隔操作闭锁功能；实施操作同期及其他控制功能；对数据采集、统计运算及控制命令的发出具有优先级别控制；执行数据的承上启下通信传输功能，同时高速完成

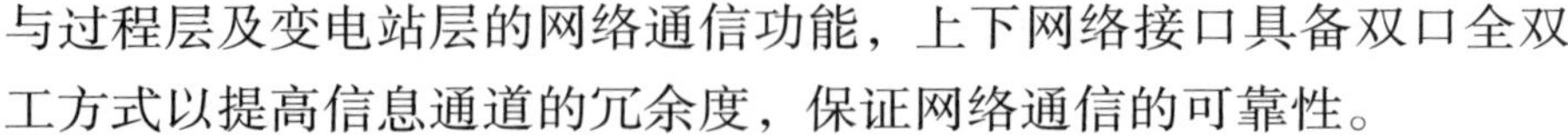

与过程层及变电站层的网络通信功能，上下网络接口具备双口全双工方式以提高信息通道的冗余度，保证网络通信的可靠性。

（3）变电站层。

变电站层的主要任务是：通过两级高速网络汇总全站的实时数据信息，不断刷新实时数据库，按时登录历史数据库；将有关数据信息送往电网调度或控制中心；接收电网调度或控制中心有关控制命令并转间隔层、过程层执行；具有在线可编程的全站操作闭锁控制功能；具有（或备有）站内当地监控、人机联系功能，如显示、操作、打印、报警等功能以及图像、声音等多媒体功能；具有对间隔层、过程层设备的在线维护、在线组态、在线修改参数的功能等功能。

IEC61850 标准的数据流，如图 9－8 所示。

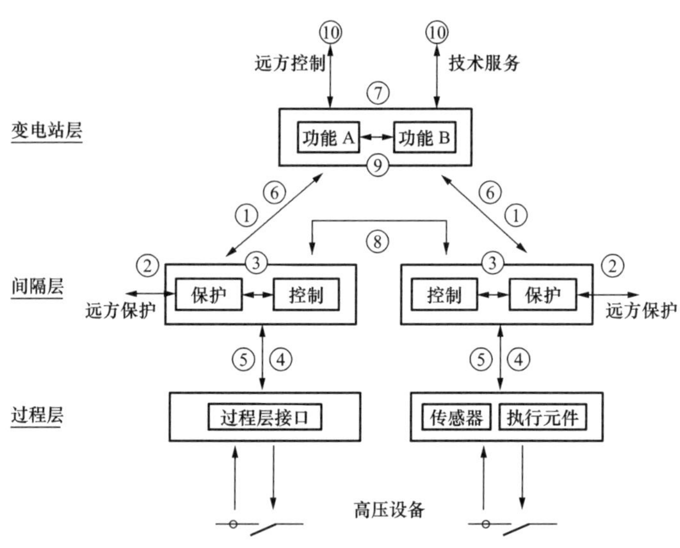

图 9－8　IEC61850 标准的数据流

①：间隔层和变电站层之间保护数据交换；

②：间隔层和远方保护之间保护数据交换；

③：间隔层内数据交换；

④：过程层和间隔层之间 TV 和 TA 暂态数据交换（主要是采样）；

⑤：过程层和间隔层之间控制数据交换；

⑥：间隔和变电站层之间控制数据交换；

⑦：变电站层与远方工程师站数据交换；

⑧：间隔之间直接数据交换，尤其是像联闭锁这样的功能；

⑨：变电站层内数据交换；

⑩：变电站装置和远方控制中心之间的控制数据交换。

上述信息接口又可简单归结为如下五类：① 过程层与间隔层之间的信息交换，过程层的各种智能传感器和执行器与间隔层的装置交换信息；② 间隔层内部的信息交换；③ 间隔层之间的通信；④ 间隔层与变电站层的通信；⑤ 变电站层的内部通信，在变电站层不同设备之间存在信息流。

（二）变电站二次回路通信模式

数字化变电站的基本结构继承了分层分布式变电站结构，如图 9－8 所示。其功能在逻辑上被分配到过程层、间隔层和变电站层，在这三层中有 10 类逻辑接口，并分别接入两类总线：过程总线（Process Bus）以及变电站总线（Station Bus）。表 9－1 概括了它们之间的关系。

表 9－1　　功能层、逻辑接口与网络总线

逻辑接口	说　　明	功能层及逻辑接口			总线
		过程层	间隔层	变电站层	
IF4	过程层和间隔层之间 TV 和 TA 暂态数据交换	•	•		过程总线
IF5	过程层和间隔层之间控制数据交换	•	•		

续表

逻辑接口	说　　明	功能层及逻辑接口			总线
		过程层	间隔层	变电站层	
IF3	间隔层内数据交换		•		变电站总线
IF8	间隔之间直接数据交换			•	
IF1	间隔层和变电站层之间保护数据交换			•	
IF6	间隔和变电站层之间控制数据交换			•	
IF9	变电站层内数据交换		•		
IF7	变电站层与远方工程师办公室数据交换		•		

数字化变电站采用数字通信技术，建立光纤通信网络，利用网络进行信息的传递和控制。由于非常规传感器和其他二次智能设备本身都可以提供数字量输出，并可以方便地扩展通信接口，因此，可以将二次设备作为过程层的通信节点，其他设备通过网络读取这些通信节点发出的信息，通过网络控制这些通信节点的运行和配置。

目前利用现场总线技术实现变电站过程层的通信已经得到了应用，随着过程层设备信息量的不断增加，间隔层乃至变电站层对过程层数据要求响应时间的不断提高，如何建构过程层的通信模式，实现二次回路信息应用的数字化，成为非常规传感器在变电站自动化系统中应用的关键问题，也是数字化变电站应用技术的重要内容体现。

1994 年 IEC 建立了一个特别的工作组来评估对一个新的整体变电站通信标准需求，1995 年工作组 10、11 和 12 开始就 IEC61850 系列展开工作。这个通信系列将覆盖变电站内的所有通信接口，但标准没有涉及对网络控制中心或者是对其他站的接口。站总线处理变电站层和间隔层的装置之间的通信，过程总线处理间隔层装置和智能化一次设备，如断路器，变压器和互感器之间的通信。

（1）站总线。

通过站总线变电站控制系统可以与保护装置和间隔处理单元实现通信，IEC61850 标准的第 7 部分描述了使用到的实际通信栈的基本通信服务，标准的第 8 部分描述了从抽象服务到实际通信栈的映射。IEC 正在讨论两种映射。第一种是通过 TCP/IP 协议和 MMS 映射到以太网作为应用层。这种映射已经被包含在这个标准系列中一些条 IEC 和 IEEE，如 UCA2 工程所实现 MMS 映射。

（2）过程总线。

过程总线是用来代替间隔层上的过程和保护/控制装置之间平行双绞线的通信模式，通信主要是基于和站总线相同的服务。过程总线只有两种另外服务：① 保护装置和断路器之间的跳闸命令的快速可靠传输；② 非常规互感器瞬时数据的传输。这两种服务对通信栈提出了很高的要求，这也促使选择快速的以太网作为过程总线的基本技术。所有站总线和过程总线上的公共服务可以用同一种方式来映射，在 IEC61850－9－2 中只详细描述了采样值传输服务。由于跳闸命令高性能要求和循环瞬时数据的传输，所以不能采用 MMS。基于这个原因，这些服务被直接映射到以太网上以实现传输的最大性能和控制要求。

根据数字化变电站自动化系统在间隔和站级功能的集成程度，可分为独立型和集成型自动化系统。独立型自动化系统指的是间隔内仍然保留各自独立的控制、保护装置，通过统一的通信网络与站级相连，由站级的计算机系统对各功能进行协调，结构示意图见图 9－9。

在独立型自动化系统中，量测数据通过点对点连接，直接从非常规互感器送往保护装置，过程总线用于控制和监视以及循环采样瞬时值的传送，保护装置对断路器的控制命令也用点对点传送，这样比较适合于现在数字式继电保护装置。点对点连接和过程总线的传输速率要求均为10Mbit/s。在IEC61850标准中，量测数据规约是IEC61850－9－1/IEC60044－8，过程总线规约是IEC61850－9－2，过程总线可采用现场总线结构，而站控制总线采用以太网。

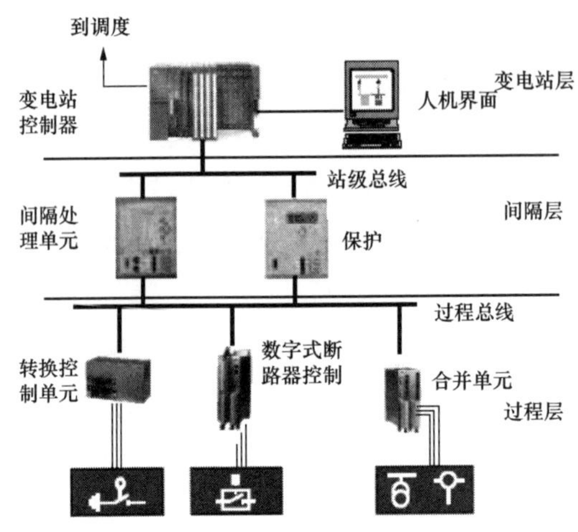

图9－9 独立型自动化系统基本结构

集成型自动化系统指的是间隔内执行的功能和数据处理集成在一个统一的多功能数字装置内，间隔内部、间隔间以及间隔同站级间用少量光纤总线进行网络通信的自动化系统。与独立型自动化系统相比，结构更简单、经济性更好，但可靠性设计要求更高，结构示意图见图9－10。

在集成型自动化系统中，量测、控制和保护的数据和信息传送均通过过程总线，过程总线的传输速率应达到100Mbit/s，因此，集成型自动化系统中站控层和过程层总线均采用以太网进行通信。

为了减少间隔层控制装置的数字接口，将过程层和站控层以太网组合为一个以太网是发展的必然，集成型自动化系统采用以太网通信结构，其通信规约将采用TCP/IP规约，对于可靠性要求较高

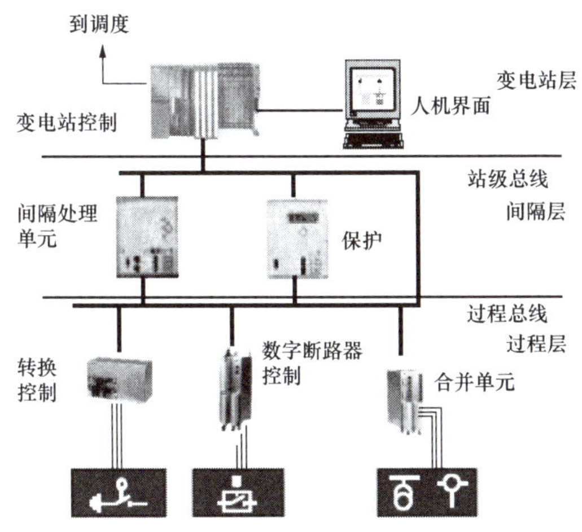

图 9－10 集成型自动化系统基本结构

的变电站应采用双重站内通信系统及其相应的双重数字接口。

由图 9－9、图 9－10 可知，变电站自动化系统由站控层、间隔层和过程层 3 个层次组成，由站控总线和过程总线进行通信连接。站控总线处理站控层与间隔层各控制设备之间通信，而过程总线处理间隔层与过程层各种智能一次设备之间的通信。由于数据的采集和传送不再是模拟量的点对点方式，而采用集中采集和处理，以网络通信的方式传送，因此，间隔层特别是过程层各控制设备应有适应网络通信的数字接口。

（三）过程总线的组网方案

变电站内的二次设备，如测量控制装置、保护装置、防误闭锁装置、故障录波装置、电压无功控制、同期操作装置以及正在发展中的在线状态检测装置设备等全部基于标准化、模块化的微处理机技术，设备之间的连接全部采用高速的网络通信，而不再出现常规功能装置重复的 I/O 现场接口，通过网络真正实现数据共享、资源共享，常规的功能装置在这里变成了逻辑的功能模块。

变电站内的信息交互通过以太网实现，通信网络可分为两类总线，过程总线以及变电站总线。过程总线根据数据流要求、可靠性要求以及现场情况可以采用四种不同的组网方式，如图 9－11 所示。这四种基本方案体现了不同的组网原则。

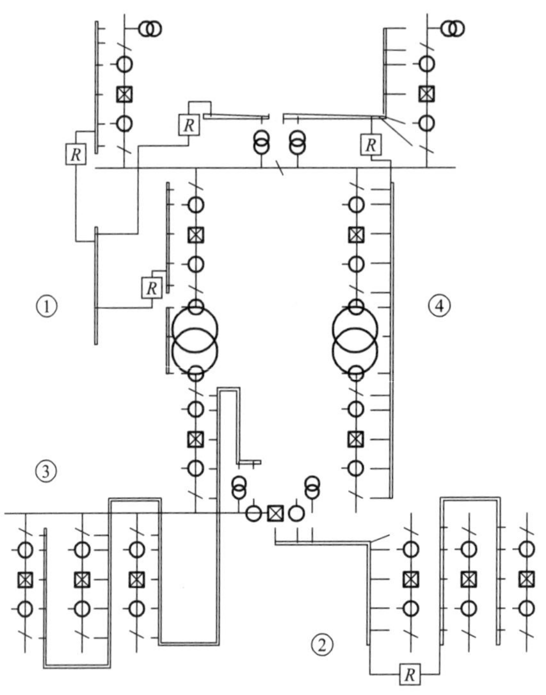

图 9－11　可选的过程总线结构

（1）面向间隔原则。

方案①中每个间隔有自身的总线段，同时装设一个独立的全站总线，以连接各个间隔的总线段。面向间隔组网方案的优点是结构清晰，易于维护；缺点是需要较多的交换机和路由设备，造价较高。该方案主要适用于 220kV 及以上系统以及重要间隔。另外，互操作性甚至互换性既可在 IED 层面获得，也可在间隔层面获得。在 IEC61850 实施初期由于缺乏足够的互操作性实践和经验，间隔层面的互操作性更容易得到保证，这样也就自然导致了面向间隔的组网方案。

（2）单一总线原则。

方案③说明了一种全站单一的通信总线，所有设备都与该总线连接。这种方案的优点是节省了交换机，造价低；缺点是系统可靠性差，需要较高的总线速率。主要适用于网络负载较轻、实时性要求不高的中、低压系统。

（3）面向位置原则。

方案②中每个间隔总线段覆盖了多个间隔，当 IED 的安装位置处于多个传感器安装位置的中心时，从高压端下来的光纤传输距离最短。另外，220kV 双母线接线多采用母线 TV，采用这种方案，多个间隔可以共用母线电压互感器，从而节省电压互感器安装数量。

（4）面向功能原则。

方案④中总线段是按照保护区域来设置的，其突出优点是总线段之间数据交换量最小。

（四）变电站总线的组网方案

变电站总线有两种可选方案：① 独立的变电站总线，如图 9－12 所示，位于间隔层的 IED 需要两套以太网接口，分别接入过程总线和变电站总线。② 合并的变电站总线和过程总线，如图 9－13 所示。数字化变电站中采用公共的以太网技术，变电站总线和过程层总线完全可以合并。这样，IED 只需一套以太网接口，既简化了结构，又降低了设备和维护费用。

通信网络是数字化变电站自动化系统的命脉，其可靠性与信息传输的快速性决定了系统的可用性。用现场总线来做通信网，从工程实践看是比较成功的，但随着变电站自动化系统由低压变电站向高压、超高压大型变电站的发展，现场总线的实时性、开放性方面的局限性就逐渐暴露出来。常规变电站自动化系统中保护装置的信息采集与保护算法的运行一般是在同一个 CPU 控制下进行的，是同步采样。A/D 转换、运算、输出控制命令整个流程快速、简捷。

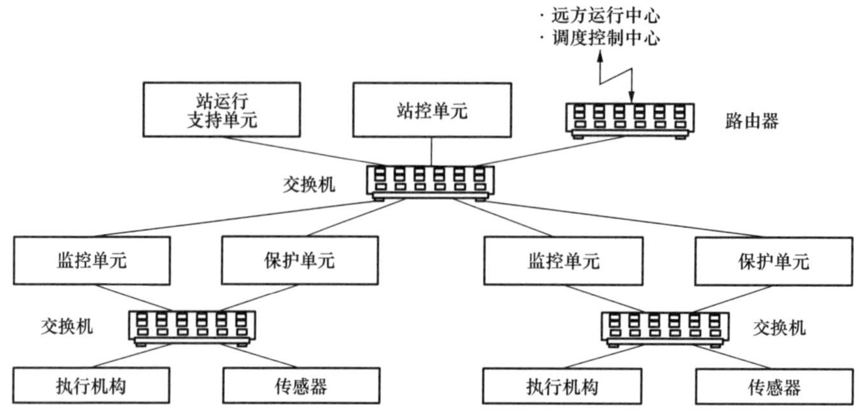

图 9-12　独立的变电站总线结构

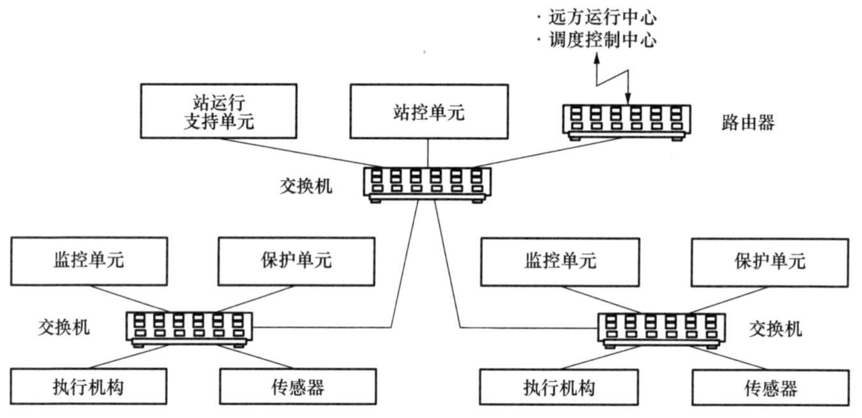

图 9-13　合并的变电站总线结构

而数字化变电站自动化系统中信息的采集、保护算法与控制命令的形成是由网络上多个 CPU 协同完成的。通常的现场总线技术显然已经不能满足数字化变电站自动化高速通信的技术要求。

目前以太网异军突起，已经进入工业自动化过程控制领域。以太网是一种流行的分组交换局域网，嵌入式以太网与传统以太网在物理上都遵循 IEEE802.3 国际标准。固化 OSI 七层协议，速率达到

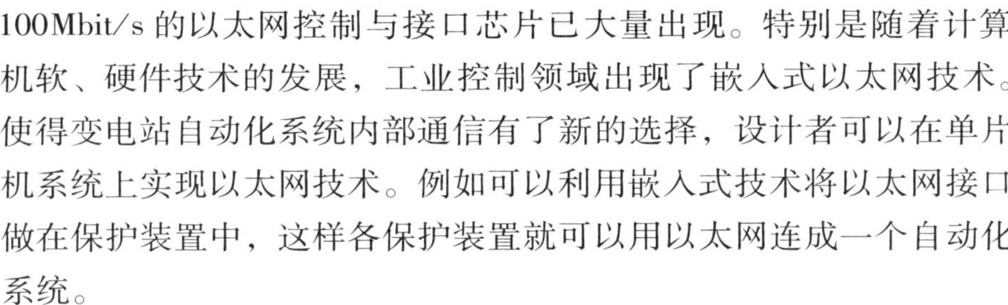

100Mbit/s 的以太网控制与接口芯片已大量出现。特别是随着计算机软、硬件技术的发展，工业控制领域出现了嵌入式以太网技术。使得变电站自动化系统内部通信有了新的选择，设计者可以在单片机系统上实现以太网技术。例如可以利用嵌入式技术将以太网接口做在保护装置中，这样各保护装置就可以用以太网连成一个自动化系统。

以太网具有网络速度快、带宽较宽、网络结构简单、网络设备标准统一，与后台监控 PC 机、工作站等接口方便的特点，从而使网络上的节点之间的实时访问成为现实，为 IEC61850 标准的分层结构打下了良好的基础，为了增加网络的冗余，提高网络的可靠性，目前广泛采用了双以太网的总线形结构。

（五）系统的冗余性

变电站自动化系统冗余性主要由装置/系统的冗余度和网络的冗余度决定。

（1）功能冗余度。

数字化变电站系统和常规变电站自动化系统一样需要利用功能冗余提高系统可靠性。图 9－14 以保护系统为例，在图 9－11 方案 2 的基础上增加了功能冗余。图中两套保护系统具有独立的传感器、合并单元、交换机以及保护装置。在数字化变电站中可以实现真正的冗余。例如，当保护系统 A 的传感器因故退出时，两套保护系统可共用保护系统 B 的传感器。

（2）网络结构冗余。

以上讨论的“过程总线”、“变电站总线”都是逻辑概念。在物理上，变电站网络拓扑不仅可以选择总线形，还可以选择星形和环形。可以灵活选择网络拓扑结构是数字化变电站的重要优点。图 9－15 是三种基本网络结构的示意。

上述三种方式的比较，见表 9－2。

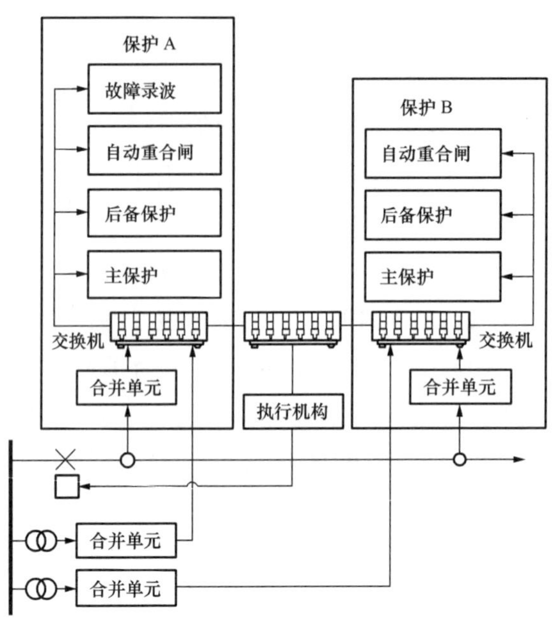

图 9-14　功能冗余示例

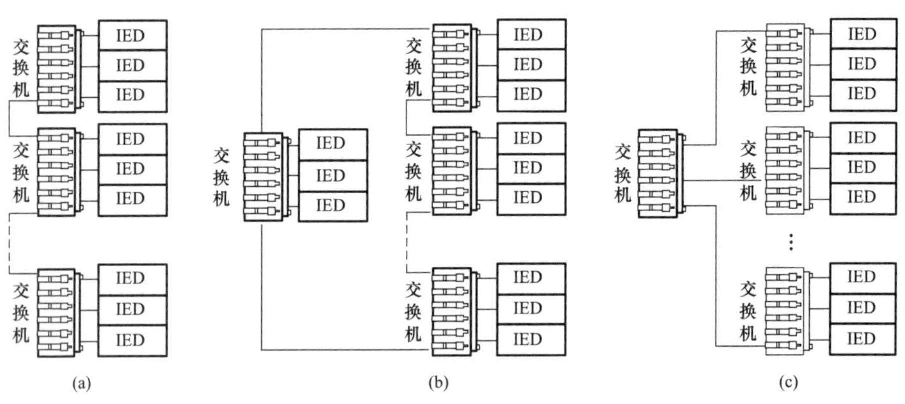

图 9-15　基本网络结构

(a) 总线形；(b) 环形；(c) 星形

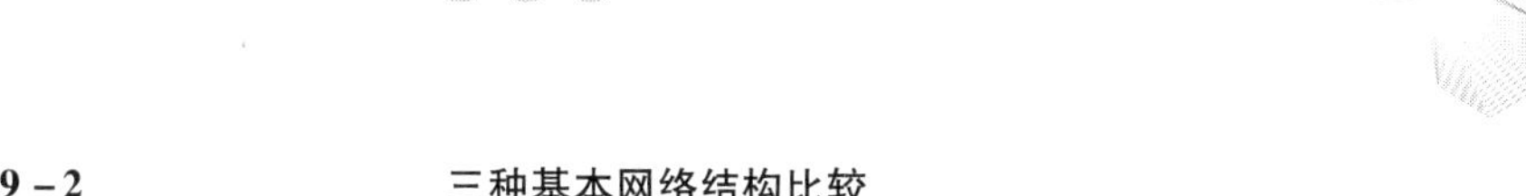

表 9－2　　三种基本网络结构比较

网络结构	可靠性	网络延迟	造价
总线形	最低	较大	最低
星形	较低	最小	中
环形	较高	较大	最高

在上述三种基本网络结构的基础上，可以派生出大量具有高可靠性的网络结构。仍旧以保护系统为例，在图 9－15 所示的功能冗余的基础上，再增加网络冗余，可以构成图 9－16（a）所示的结构，图中采用了多星形加环形的冗余设计。

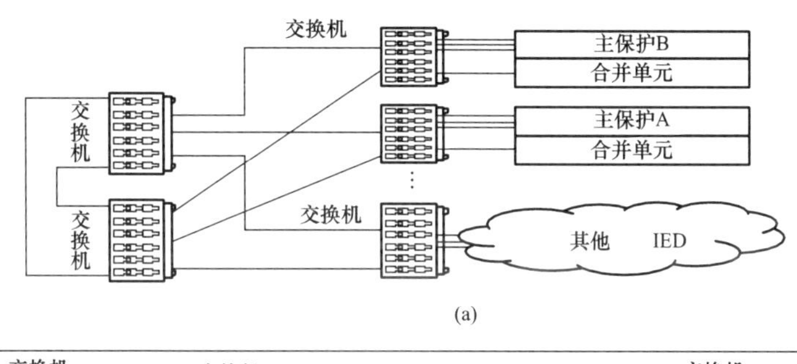

(a)

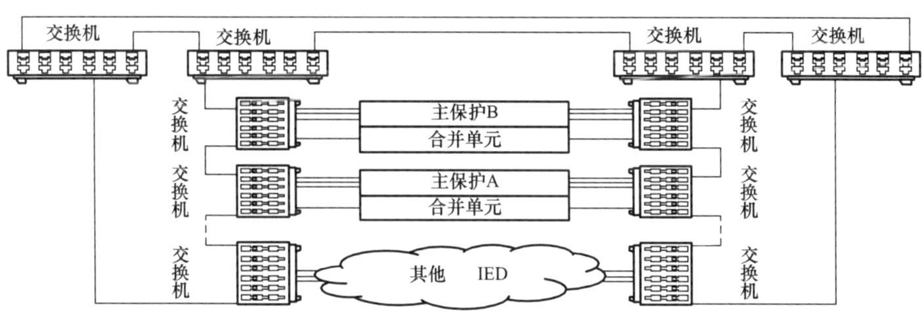

(b)

图 9－16　高可靠性网络结构

（a）单以太网接口冗余结构；（b）双以太网接口冗余结构

在一些对可靠性要求特别高的系统中，合并单元、开关控制器以及 IED 的网络接口可能成为系统可靠性瓶颈。这时可以采用图 9-16（b）所示的结构。图中每个装置都带有双网卡，分别接入两台交换机，网络总线采用多环形拓扑。这种方案极大地提高了系统的可靠性。

9.2 数字化变电站电气二次设备的状态检修方案

9.2.1 数字化变电站技术对于二次系统的影响

数字化变电站相关技术的应用对于变电站二次技术的发展影响是全方位的，在交流电气量的采集环节、变电站 IED 设备之间的信息交互模式、变电站信息冗余性的实现方式、变电站二次系统的可靠性、安全性、运行检修策略等，均将由于相关技术的应用而发生巨大的变化，这一系列变化意味着变电站二次系统技术将步入一个全新的发展阶段。数字化变电站技术的应用将主要在以下几个环节体现技术应用模式的变更：

（1）一、二次系统实现有效的电气隔离。

电气量采集环节采用了非常规互感器技术对于变电站二次系统技术应用带来的最明显特征就是，一次系统的电流、电压、功率、频率等电气量信息通过合并单元变为低电平的数字信号，经光缆直接传递给变电站二次系统的 IED 设备。变电站二次系统不再需要引入交流二次电缆，一次系统和二次系统可以实现有效的电气隔离。带来的好处是十分明显的，常规变电站由于交流电缆引起的传导性电磁干扰现象将不复存在，以往因一次系统故障产生的干扰对于二次系统的影响将得到有效的控制。二次系统的安全性大大提高，二次系统的接地问题将变为局部化，只需要考虑整个二次系统的等电位问题，不需要与一次系统关联。

在二次系统安全性提高的同时，二次系统的试验也得到极大简化，现场无需校验电流或电压互感器的极性，极性由安装位置决定。不存在绝缘电阻问题，无需测试回路的绝缘电阻。采用非常规互感器后，数据的传输均带有标记，确保不会使用错误的数据，无需进行二次回路接线检查，减少了原来繁重的查线工作。由于取消了电通道信号传输，整个二次光缆传输回路是完全绝缘的，没有接地的要求，减少了现场查接地的工作量。

（2）信息交互采取对等通信模式。

数字化变电站内设备之间的信息交互由常规变电站以硬接点信号交互为特征的方式变为基于 IEC61850 标准的对等通信模式 Peer to Peer（P2P）。P2P 是一种分布式网络，网络的参与者共享所拥有的一部分硬件资源，如处理能力、存储能力、网络连接能力、打印机等，这些共享资源由网络提供服务和内容，同时，能被其他对等节点（Peer）直接访问而无需经过中间实体。在此网络中的参与者既是资源（服务和内容）提供者（Server），又是资源（服务和内容）获取者（Client），见图 9－17。

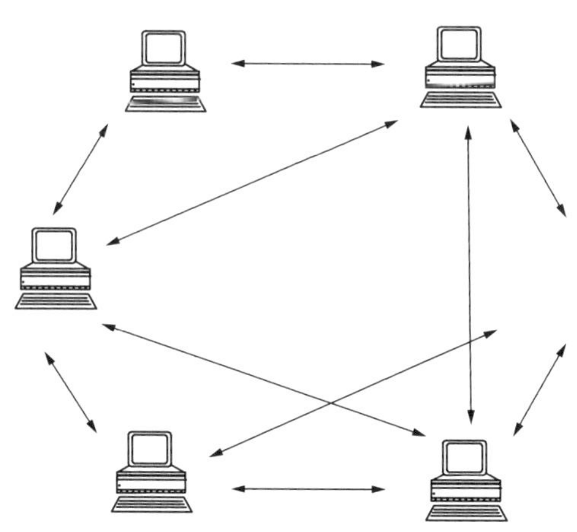

图 9－17 对等通信（Peer to Peer）模式

P2P 技术的特点体现在以下几个方面：

1）非中心化：网络中的资源和服务分散在所有节点上，信息的传输和服务的实现都直接在节点之间进行，可以无需中间环节和服务器的介入，避免了可能的瓶颈。P2P 的非中心化基本特点，带来了可扩展性、健壮性等方面的优势。

2）可扩展性：在 P2P 网络中随着用户的加入，不仅服务需求增加了，系统整体的资源和服务能力也在同步地扩充，能较容易地满足用户的需要。整个体系是全分布的，不存在瓶颈，理论上其可扩展性几乎可以认为是无限的。

3）健壮性：P2P 架构天生具有耐攻击、高容错的优点。由于服务是分散在各个节点之间，部分节点或网络遭到破坏对其他部分的影响很小。P2P 网络一般在部分节点失效时能够自动调整整体拓扑，保持其他节点的连通性。P2P 网络通常都是以自组织的方式建立起来的，并允许节点自由加入和离开。P2P 网络还能够根据网络带宽、节点数、负载等变化不断地做自适应式的调整。

4）负载均衡：P2P 网络环境下由于每个节点既是服务器又是客户机，减少了对传统 C/S 结构服务器计算能力、存储能力的要求，同时，因为资源分布在多个节点，更好地实现了整个网络的负载均衡。

这种通信模式带来的最大变化在于，以往的 IED 往往需要大量辅助接点来完成信息的传递，如跳闸信号、告警信号、事件记录信号，设备之间的联线十分复杂，IED 设计环节繁杂，往往由于辅助接点不够，需要额外增加单独的辅助继电器以完成变电站二次系统的控制、跳闸、事件记录等功能。大量的辅助继电器存在，实际上构成了整个变电站二次系统安全运行的“瓶颈”，因外力破坏、电缆质量、小动物、超容量等原因引起的二次系统主要故障时有发生，并会引起燃烧、断路器体跳闸、损坏设备等后果。

变电站之间的信息交互采取对等通信模式后，常规变电站中 IED 以 Polling 方式实现的信息传送，可以转变为根据信息应用的时效性要求，实现事故处理重要信息的有序上送和事故分析信息的事后调用。

同时，智能断路器技术的应用，或智能控制装置所实现的断路器控制功能就地化，使得常规变电站内大量的控制电缆所实现的操作控制命令被光缆替代，消除了二次系统与开关站电气之间的联系。

对等通信模式带来的最大好处就是极大地提高了 IED 信息传递的效率和有效性，所有 IED 需要与外部智能装置交互的信息，或者需要告知其他装置、系统的信息可以在以太网上用 GOOSE 机制实现信息的有效发布。这种应用模式改变了以往由大量二次电缆构成的变电站控制、跳闸、告警、事件记录等信息传递、交互模式，变电站内部全部实现光纤通信方式，一方面可以实现整个二次系统的有效监视，另一方面节省了大量的二次电缆，简化了系统的设计和工程实施。

（3）信息同步采取网络同步机制。

目前，常规变电站自动化系统对时系统基本采用直接对时和网络对时相结合，一般在变电站内有一个或多个 GPS 接收器实现对于间隔层各种 IED 设备的对时，采取分脉冲方式或 IRIG－B 方式；由于间隔层设备众多，在初期应用中往往 GPS 是随不同功能的 IED 设备配置，因此，在实际应用中变电站存在多个 GPS 接收器同时运行，分别对不同的设备进行对时，如保护、故障录波器、测控、PMU 等；在近期的应用中逐步出现了集中式 GPS 应用模式，在变电站小室中安装一套 GPS 装置，通过 GPS 接收器扩展箱实现对小室内的各种 IED 对时。

站控层一般有 1～2 台服务器采用串口时间报文的方式从 GPS 接收器或取时间信息，并通过网络方式向其余站控层接点进行对时，时间对时结构见图 9－18。

数字化变电站内的信息传送采取网络通信方式，因此，变电站

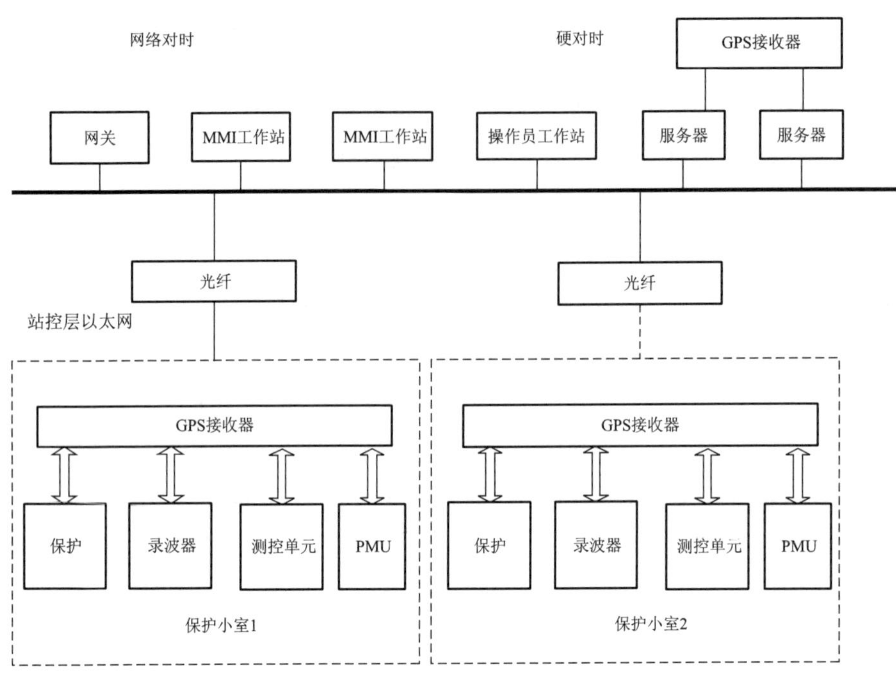

图 9－18　变电站内时间同步结构图

内采取以往的 GPS 接收器直接对时方式是不合适的，网络对时具有经济、简单、高效、规范的特点，IEC61850 标准对于网络对时提出了明确的要求和模型。

IEC61850－5 功能通信要求和装置模型的附件 G 明确："具有精确外部时间源的逻辑节点作为主时钟，通过主时钟对各分布节点设置绝对时间，各分布节点通过主时钟实现时间同步，时钟同步通过协议层完成"。图 9－19 是 IEC61850 标准中 7－2 的时间模型和同步原理图，其中国际标准时 UTC（Universal Time Coordinated）从外部高精度时间源获取，时间服务器作为站内 IED 设备的时钟同步源，采取时间同步协议与站内 IED 设备实现时间同步，所采取的时间同步协议取决于所选择的 SCSM。

数字化变电站采取网络对时模式是一种必然的选择，根据数字

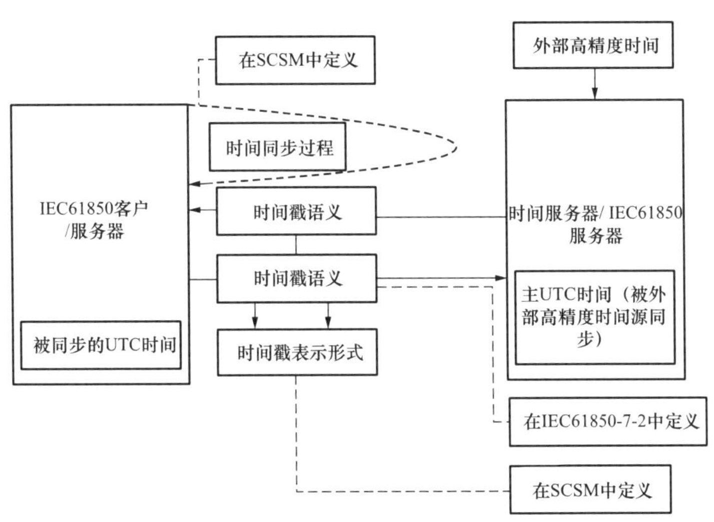

图9-19　典型变电站内对时图

化变电站信息流的特点，在间隔层拟采取SNTP时间同步机制，在过程层拟采取IEEE1588信息同步机制。

（4）系统的可观性、可控性提高。

数字化变电站采用了非常规互感器，动态范围大、对于不同应用的适应性强，相对于传统的变电站自动化系统，数字化变电站信息的采集应用发生了很大的变化。合并单元可分别输出信号给不同的装置，只要合并单元的输出接口数量足够，即可满足使用需求，完全不存在容量要求限制，这就从源头可以保证信息采集的唯一性。

以往基于不同互感器（如测量TA、保护TA）应用模式的二次系统配置方案的实现基础已发生很大变化，由于变电站的信息采集、传递、应用模式发生了根本性的变化，信息的集成应用使信息利用的有效性得到了极大的提高，变电站内有可能实现装置的冗余配置方案向信息冗余配置方案的转变。

整个变电站自动化系统的运作效率、安全性、可靠性将基于对信息的有效处理。鉴于变电站最终信息应用对象是电网调度，因此可以针对不同应用要求对信息进行必要的区分。同时，可根据不同信息时效性特征，利用现代计算机、网络技术实现信息流量的有效控制。

数字化变电站的各项信息采集、处理、传输、仓储等功能的实现完全基于网络通信技术，过程层、间隔层、站控层的 IED 设备及网络通信设备，如路由器、网关、交换机、接口装置等组成了整个变电站二次系统，整个变电站二次系统的各个工作环节可以得到有效的监视，极大地提高二次系统的可观性和可控性。

同时，对于不同的设计方案或系统架构可以采用科学的方式实现系统的可靠性评估，针对不同的应用要求提供不同的可用率方案，建立经济性评估模型，有效地控制变电站的投资，取得比较好的经济效益。

（5）信息的安全性问题突现。

变电站内采取对等通信模式后，信息的安全性问题就变得尤为重要，以往变电站设备之间点对点的通信方式，就信息的安全性来讲是比较高的，因为，这种信息的交互机制在安全性方面体现为局部性特征。变电站内信息交互采用对等通信模式后，所有 IED 的信息均在局域网上实现，或者说每个 IED 均可能实现对其他 IED 信息交互的可能，因此一旦某个 IED 受到恶意攻击，在变电站未实现信息有效安全防护的情况下有可能对于整个变电站自动化系统的安全运行带来极大的影响。

由于变电站 IED 之间将不再有点对点的硬接线，这样，常规变电站内装置之间明显的安全隔离点将不复存在，装置在任何情况下的隔离措施将通过软件来实现。因此，系统运行安全性全部依赖 IED 的控制系统和变电站中央控制系统。变电站的控制、跳闸、联闭锁、事件记录等功能的实现，全部通过软件系统来实现，这样，变电站自动化系统的信息安全机制变得尤为重要，这种安全机制在对等方式信息交互机制下，将更多地体现为网络的安全性问题，因此，这对于变电站的运行模式将带来革命性变化。

未来电力系统的安全运行将建立在设备的安全运行和信息的安全维护基础上，或者说电力系统运行是建立在设备管理和信息管理的基础上，随着数字化变电站技术的发展，信息的安全性在很大程度上意味着电网控制系统的安全性，因此，控制系统的安全性对于电网的安全稳定运行要远高于电力设备的安全性。信息安全机制的建立将随着数字化变电站技术的发展而得到进一步的加强。

9.2.2 IEC61850 标准 GOOSE 介绍

通用面向对象的变电站事件 GOOSE 机制是 IEC61850 标准的重要特点，具有优先级控制的以太网传输，是目前应用的规约如 IEC60870-5-104 等所不具备的，GOOSE 提供了高效率地实现 IED 与 IED 之间直接通信的可能。

GOOSE 基本原理：当一个事件（event）发生时，GOOSE 以间隔时间 T_1（如 1ms）连续以广播方式发送 2 遍该信息，以后按照 $t_S = 2N \times S$（$N = 0,1,2,3,\cdots \text{for } t_S < T_0, S = 1\text{ms}$）时间间隔重复发送第 N 遍，并一直延续下去，重发时间间隔例如：$S = 500\text{ms}$，见图 9-20。其作用是让接收方可以监视信息是否在规定时间内到达，这样接收方就可以判断出该信息的状态是否在线。

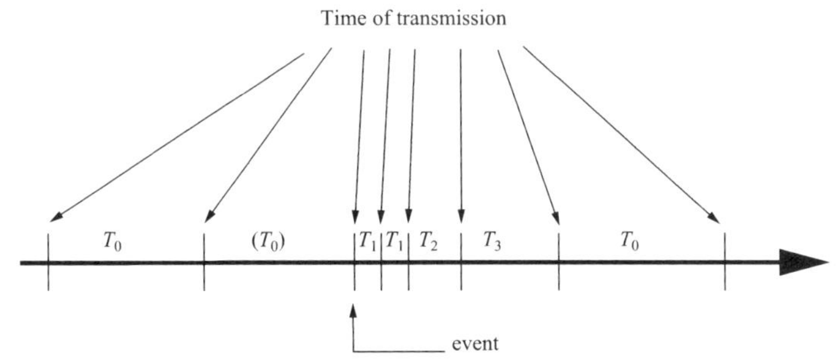

图 9-20 GOOSE 信息传输机制示意图

GOOSE 机制的应用确保重要信息的优先级传递，在保证系统可靠性的前提下，有效地提高系统的响应速度，从而为更高级应用提供技术基础。

T_0：稳定状态下的再传输（长时间无事件发生）；

(T_0)：因事件缩短的稳定状态下的再传输；

T_1：事件后的最短的再传输时间；

T_2、T_3：直至达到稳定状态的再传输时间。

继电保护 GOOSE 在具体应用时设 $T_0=5s$；也就是说，当接收装置在两倍 T_0 时间内没有接收到发送装置的心跳报文时将发出 GOOSE 中断告警信号，便于运行人员监视并及时处理。

通常，通信的优先级控制至少需要在规约和交换两个层面上进行，传统的以太网协议一般是基于 TCP 或 UDP，两台 IED 之间的网络通信一般是通过广播方式或者通过建立 TCP 连接来实现，由于没有优先级控制，网络延时往往不固定，网络通信的实时性不强。为了解决这个问题，IEEE802. 1P 规范在 OSI 参考模型的第二层数据链路层提出了网络优先级的定义，从而通过支持 IEEE802. 1P 的第二层交换机能够实现高优先级的报文能够得到优先传递，实现优先级控制。

IEEE802. 1P 是 IEEE802. 1Q（VLAN 标签技术）标准的扩充协议，IEEE802. 1Q 标准定义了为以太网 MAC 帧添加的标签。IEEE802. 1Q VLAN 标准中没有定义和使用优先级字段，而 IEEE 802. 1P 中则定义了该字段。表 9 - 3 所示为以太网中的 IEEE802. 1Q 标签帧格式，表中第一行为各字段字节数（bytes）。

表 9 - 3　以太网中的 IEEE802. 1Q 标签帧格式

7	1	6	6	2	2	2	42 - 1496	4
Preamble	SFD	DA	SA	TPID	TCI	Type length	Data	CRC

其中 IEEE802. 1P 在 TCI 标签控制信息字段，包括用户优先级

(User Priority)、规范格式指示器(Canonical Format Indicator)和VLAN ID，详见表9-4。

表9-4 TCI标签控制信息字段

3 bits	1bits	12 bits
User Priority	CFI	Bits of VLAN ID (VIDI) to identify possible VLANs

由表9-4可见，通过3位的用户优先级标志，可以实现多至8个的优先级区分(二进制000~111，对应十进制0~7)，现有的交换机一般支持两个优先级，一般000~011认为是低优先级，100~111认为是高优先级。这样在交换的层面上具备了优先级控制的可能。

IEC61850标准从规约层面上支持抽象通信服务接口ACSI(Abstract Communication Service Interface)，通过特定通信服务映射SCSM(Special Communication Service Mapping)，相应的对使用到MMS/OSI协议上的映射，从而可以利用以太网数据链路层的基于TCI标签控制字用户优先级控制，传输各类所需要的快速报文。

GOOSE的实现主要还依赖于网络设备，100Mbit/s冗余光纤以太环网和可更换的支持IEC61850标准的光以太网交换机，提供了冗余连接，消除了数据流量环路的威胁，提供了快速的网络重构时间，确保了对IEC61850标准的网络通信支持。快速生成树协议(IEEE802. w)，可以通过从网络化物理拓扑结构构建一个无环路的逻辑转发拓扑结构，提供了冗余连接，消除了数据流量环路的威胁。

9.2.3 数字化变电站保护状态检修的实现

从上述数字化变电站技术背景及基本特征可以看出，常规变电站IED和数字化变电站IED的应用模式有很大的差异，图9-21和图9-22分别表示不同发展阶段的实现方案。

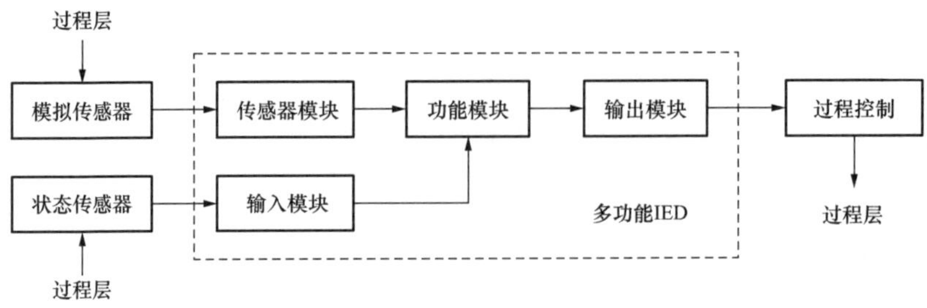

图 9－21　常规变电站 IED 应用模式

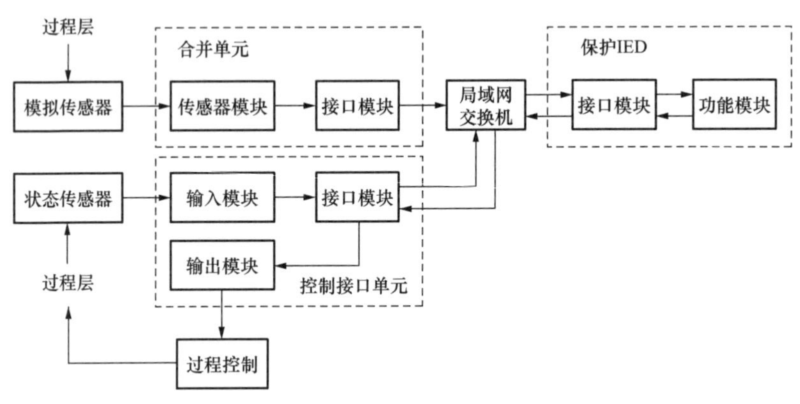

图 9－22　数字化变电站 IED 应用模式

数字化变电站采用 GOOSE 机制实现网络方式的信息传递，涉及保护应用交流电流、电压输出回路由合并单元完成，保护的跳闸命令通过 GOOSE 报文实现。因此，就上述应用模式而言，从电流、电压信号的传输到跳闸过程的完成均实现了借助于光纤实现，交流信号保护的状态检修就变得极其简单。

9.3 全寿命周期成本（LCC）概念

9.3.1 全寿命周期成本分析概述

随着电网技术装备水平的提高和容量的发展壮大，为达到建设

“一强三优”国网公司的目标，管理方式的创新和发展同技术的创新和发展将同等重要，管理和技术的创新将体现为科技进步和节能增效。全寿命周期成本管理 LCC（Life Cycle Cost）方法具有“全系统、全费用、全过程”的特点，能更科学、合理、有效地评估设备生命周期的效用，适合于电网建设、运行的全过程管理。

LCC 管理特点是以企业总体效益为出发点，打破部门“画地为牢”思维的局限性，将规划、设计、基建、运行等不同阶段的成本统筹考虑，寻求最佳方案；特点是考虑设备生命周期中所有可能发生的费用，在合适的可用率和费用之间寻求平衡，找出 LCC 最小的方案；LCC 的实施要求实现全过程管理，考虑从规划设计到报废的整个寿命周期，避免临时、局部的思想，同时，必须从制度保证 LCC 方法的应用。

全寿命周期成本 LCC 概念起源于瑞典铁路系统，1965 年美国国防部在全军实施。在电力系统方面瑞典电力公司在 20 世纪 80 年代结合可靠性研究，在基建工程包括发电厂、输变电工程、变电站及单个设备如断路器等实施 LCC 管理；美国电科院 EPRI 近年来也将 LCC 应用于核电站、大型变压器、低压输电系统，而加拿大和欧洲将 LCC 理念与绿色能源和可持续发展结合起来。与用户的 LCC 管理要求相对应的是，国际上各重要电力设备制造商，如 ABB、SIEMENS 等也在开展其产品的 LCC 研究。

进行全寿命周期成本分析主要是在以下几种情况下进行：

1）用于项目的规划设计阶段，通过 LCC 分析计算，以便在实际费用发生之前确定最具经济效益的解决方案。一般在概念设计阶段 60% 的 LCC 已确定，到了系统设计阶段，80% 的 LCC 就已确定，在最后的制造设计阶段，其中 95% 的 LCC 已确定了。

2）用于设备采购阶段，LCC 方法不仅仅是考虑设备的购买价格，而更要考虑设备在整个寿命周期内的支持成本，包括安装、调试、运行、检修、改造、更新直至报废的全过程。

3）用于更新改造现有设备各种方案，包括不同的改造方案、是对原设备改造还是采购新设备等的费用比较。以设备的一定的使用年限为计算年限，通过分析计算 LCC，以选取 LCC 最小的方案。

4）用于检修策略的调整，随着状态监测技术的发展和监测设备性能的提高，通过对设备的状态监测与分析，在设备发生故障之前进行有针对性的小量维修来提高设备的性能和可靠性，去除或减少定期计划检修，主要是大修中相关的检修项目或内容，从而降低检修费用。通过对设备的状态检修和定期计划检修两种方案的 LCC 分析计算，以确定最具经济效益的检修方式，从而对检修策略做出适当地调整。

9.3.2 全寿命周期成本管理的历史沿革

（一）设备管理的演变过程

总的说来，设备管理大致经历了如下几个发展过程，其发展趋势是设备管理范围的扩大和重心的转移。由于设备的可靠性与经济运行仅仅依靠维修是无法达到理想的程度，如果在设计上存在着根本性的缺陷，而通过局部改善维修又不能加以消除，那么无论怎样加强管理也满足不了生产经济、可靠、安全的高标准要求，因此，设备管理工作的范围必然跨越使用阶段的局限延伸到设计阶段。

所谓“维修预防”，就是在设备的设计研制阶段就考虑到今后的维修问题，要求故障少、修理时间短、费用低，也就是提倡可靠性设计和可维修性设计，其理想目标是要实现免维修设计。维修预防的概念实际上已具备了“设备综合管理”（Terotechnology）的性质。对于使用单位来讲，实行维修预防管理意味着对从工厂购买的定型设备或标准设备，使用单位负有信息反馈的责任，而对于自制或专项订货的非标准设备，则是从设计、制造到整个使用阶段的全过程管理。

在学科综合、技术发展的新形势下，传统单纯局限于设备维修的管理、重技术轻经济的管理、局限于部分专职人员的管理方式已不能满足时代的要求。1971 年英国人丹尼斯·帕克斯（Dennis Parkes）在一次国际会议上首先提出设备综合管理（Terotechnology）的新概念。1974 年英国贸工部对 Terotechnology 的定义如下："为了使设备的寿命周期成本 LCC 最经济而把适用于有形资产的工程技术、管理、财务以及其他业务加以综合的学科"。具体地说，关于工厂、机械、装置、建筑物、构筑物的可靠性和保养性的方案、设计、制造、安装、试验、维修、改造和更新，尤其是有关设备、使用和费用的信息反馈等都是研究范围。

由此定义不难看出，设备综合管理的要点是：① 设备管理要以设备的整个生命周期为研究对象，实行对设备生命周期的全过程管理；② 以全寿命周期成本作为评价设备管理的重要经济指标，追求全寿命周期成本的最优化。核心理念就是全寿命周期成本管理，全寿命周期成本管理理念的初始形成在 20 世纪 60 年代，核心内容是全寿命周期成本的分析计算。

（二）全寿命周期成本管理的历史沿革

1965 美国国防部研究实施 LCC，要求国防部必须采用 LCC 技术方法来对待国防开支，为了全军推行颁布了《全寿命周期费用估算采购指南》。1970 年英国设备工作专家丹尼斯·帕克斯推出了设备综合管理学，其目的设备工作最终追求设备寿命周期费用最低。1973 年瑞典维修协会伍尔曼教授提出了《寿命周期费用的设计与管理》一书，推进了美国的 PM 设备后勤管理学说，PM 的宗旨是降低 LCC。1977 年英国海军以 LCC 概念设计、购置军船。1978 年日本工程师协会成立了 LCC 委员会，全国推广 LCC 管理。1980 年德、法、荷兰、挪威等国家普遍运用 LCC，同年澳大利亚石油、天然气工业推广运用 LCC。

由于 LCC 为设备管理工作带来综合效益，各国经济学家、设备工作专家都纷纷投入进一步深入研究，一致认为 LCC 是设备管理工作的最终目标。1982 年日本日比宗平出版了《寿命周期费评价法—方法实例》一书，为推进全员生产维修 TPM（Total Productive Maintenance）起了重大作用，因为 TPM 宗旨也是获取 LCC 最低，设备综合效益最高。

我国 LCC 工作由海军开始、空军、二炮都积极推广运用，1987 年中国设备管理协会组建了 LCC 委员会，10 多年来军队中取得了可喜成效，节省了国防费用，规范装备费用使用，建立了 LCC 军用标准：GJB 1364—9《装备费用—效能分析》，GJB 220517《武器装备寿命周期费用估算》。

1996 年 IEC 组织发布了 LCC 国际标准：IEC60300 - 3 - 3《可信性管理—第三章：实施指南—第三节：寿命周期费用评价》，进一步推动了世界各国对 LCC 的推广、应用，该标准于 2004 年又进行了修订。

1999 年 6 月美国总统克林顿签署了政府命令，各州府所需搞的装备及工程项目，要求必须有 LCC 报告，没有 LCC 估算、评价一律不准签约。

1999 年以英国、挪威为首组建了 LCC 国际组织，由 50 个国家、地区参加。该组织为保护参加国购置装备的经济利益，要求设备、工程中间商、推销商为买方提供 LCC 估算。同时，为各国企业提供 LCC 咨询服务培训服务，推进、发展 LCC 事业和 LCC 国际交流等。目前英、挪威、美国正在联合编制 LCC 工业标准。

（三）全寿命周期成本管理涉及的范畴和基础算法

LCC 管理主要涉及两大范畴：工程范畴和财务范畴。

（1）工程范畴成本管理。

工程范畴成本管理主要涉及：设备可靠性、寿命分析、设备失效统计、失效对整个系统的影响，更新部件和维护对系统寿命的影响等。全寿命周期成本管理的常用计算方法在工程中常用一些可靠性和寿命计算方法，其中也包含有一些经验估算及统计方法。用于

工程中的 LCC 管理方法和分析方法如下：

- MTBF 失效时间指标
- 综合可靠性和成本决策树
- 威布尔（Weibull）概率图表
- 蒙特卡罗法（Monte Carlo）模型分析
- 关键问题点的排列图
- 故障树分析
- 可靠性软件工具
- 失效记录、分析和改进措施
- 失效模式影响分析
- 重大影响安全和成本的关键项
- 可靠性试验策略、加速试验
- 可靠性生长模型
- 可靠性验证

必要时需故障统计数据的积累及经验方法。

（2）财务范畴。

LCC 管理是一种在可靠性及寿命管理的基础上，其经济效益最终归纳为财务成本及产出的管理方法。主要涉及：设备或系统的最初投资成本，设备初投资成本在不同方案时的比较，投资成本和运行成本的比较、设备故障对系统的影响及可能导致的损失比较、设备的维护或更新成本、设备的退役成本等。

用于财务的分析方法主要是净现值 *NPV*（Net Present Value）方法，要了解 *NPV* 的含义，先从现值 *PV*（Present Value）说起，即考虑现金的时间和风险影响。假定一年后某人承诺还 100 元钱，但现在这钱实际值多少呢？假定银行利息是 2%，通货膨胀风险为 0，那么，这 100 元钱的现值为 $X = 100/1.02 = 98.04$ 元。这意味着在没有其他风险的情况下，一年后得到 100 元钱和现在得到 98.04 元钱是等效的。

假定 PV 为现金的现值，NCF 为净现金流，r 为折扣率（银行利率），t 为时间（年数），可得到现值的计算公式：

$$PV = \frac{NCF}{(1+r)^t} \tag{9-1}$$

假定 100 元钱在 3 年后还，其他条件不变，那么这 100 元钱在目前值：

$$PV = \frac{100}{(1+0.02)^3} = 94.23\text{ 元} \tag{9-2}$$

由于工程式或项目的投入和产出往往有延迟性，故 PV 建立了工程投入产出在财务上的联系。r 在这里也称为折扣率，要考虑各项市场因素，如涨价、市场风险等，实际上也反映了资本成本。NPV 的定义式为：

$$NPV = \sum_{t=1}^{n} \frac{NCF}{(1+r)^t} \tag{9-3}$$

从定义式可见，NPV 是考虑项目或工程的净现值，其中 NCF 是净现金流，考虑了在 t 年内投入、产出、折旧、残值等诸多因素。举例说明如下：

某项目投入 1000 元，问几年后可回收成本，资本折扣率为 10%，每年的产出为：第 1 年 500、第 2 年 400、第 3 年 300、第 4 年 100 元，计算示例见表 9－5。

表 9－5　　净现值计算示例

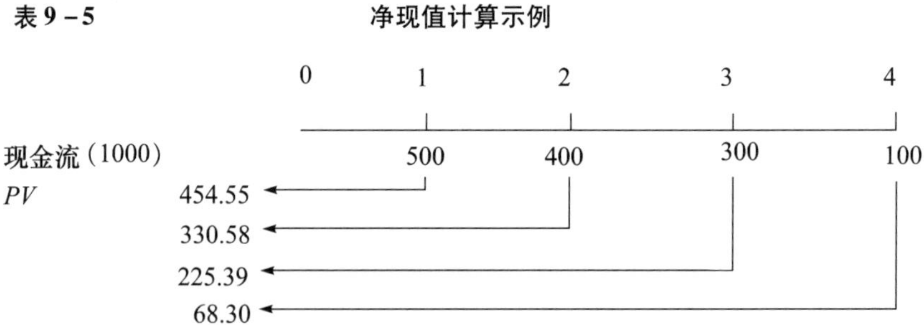

上述示例说明，该项目在初期投入 1000 元现金后，五年后回

收全部成本1000元，并净赚78.82元。

NPV方法是LCC中用得最多的方法，说明三个方向：

1）成本回收年限，在上例中第4年后成本才回收。

2）项目的风险性，成本回收年限越长，风险越大。

3）投资收益率，NPV是负值，说明投资收益是负值，项目不可取。NPV是正值，且NPV值越大，说明投资收益率越高。

（四）全寿命周期成本分析的方法

LCC分析可以改变从狭隘的观点看待商业问题，着眼于降低全寿命周期的综合成本，通过对不同方案长期成本的计算后取其最低者，从而提高经济效益。LCC还能作为管理决策工具，以协调计划工程人员、检修工程人员、生产人员、可靠性工程人员等的冲突，而专注于工程事实、货币和时间。工程上通常要用一个简单的单一值作为项目的评价标准，LCC的分析结果以净现值来表示就符合这个要求。

LCC分析结果的准确性取决于对各分析方案中各类成本的有效计算，是LCC的核心。一般LCC由购置成本和维持成本两部分构成，不同的成本进入哪条LCC成本分支通常是根据常识，并完全视各特殊情况而定。

1）购置成本，包括计划管理、设备研制（或设备采购）和测试、工程设计、工程建设与调试等。

2）维持成本，包括计划和非计划检修成本，即人工、材料和管理、替换和更新费用、替换/更新的运输费用、系统/设备改造费用等。设备使用成本，即能源费和设备使用费、支持和提供维护的费用、运行成本、维修和运行的持续培训、技术数据管理费用、运行中环保费用等；报废成本，即允许报废的许可和诉讼费、报废处置费用、补救费用、销账/设备恢复费用、环保成本等。

在两大类成本中，购置成本相对比较明确，尽管在很多情况下只占LCC的一小部分，鉴于LCC主要取决于设计工作，尤其是考虑了可靠性设计和可维修性设计，因此，LCC 与可靠性以及可维修性工作的平衡研究需要由制造厂和用户协调进行。同购置成本相比，更多的维持成本需要在 LCC 分析中计算确定，其中很多计算是建立在系统/设备可靠性数据的基础之上。一方面这类数据可以来自可靠性模型的分析计算，另一方面可以来自广泛统计分析的专用数据库。

LCC 的分析结果是以净现值来表示，LCC 分析的准确性有赖于各种成本类型的有效输入，以及分析计算中系统/设备可靠性数据的准确性，同时还要考虑货币贬值、贴现率、税收、资金时间价值等因素对净现值计算的影响。

在 LCC 的分析中，应采取复杂系统分析中抓大放小的思想，即包含适当的成本要素，丢弃琐碎的价值不高的因素，同时，不实质性影响 LCC。这就需要建立合适的标准以确定哪些需要分析、哪些不需要分析，这对分析速度、分析的准确性很重要。在 LCC 的分析中分析模型的选取对计算结果有着直接的影响，如何正确选择模型是分析的重要一环。

（五）全寿命周期成本分析的步骤

LCC 分析中包含了每个合适的成本，以及为适应不同的特殊情况而做的适当改变，其基本过程步骤如下所述。

（1）以合适的金融标准确定什么必须分析，以及项目生命周期研究；

（2）在寻找可替换的解决方案时从经济后果方面关注技术特性；

（3）根据项目复杂性选择适当的成本模型，如简单的离散模型、带有一些可变性（如修理和更换）的简单模型、具有随机变化的复杂模型等；

（4）获取详细的成本资料，进行年度成本概算，对于关键性问题制作盈亏平衡图，以把繁琐的细节简化到时间与货币的关系曲线上；

（5）把大的成本项进行排序分布，以重新考虑深入研究，并对高成本和原因进行敏感性分析；

（6）对高的成本项进行误差/备选方案的不确定度/风险研究。

（六）电力系统进行全寿命周期成本管理的工作内容

在电力系统推广应用全寿命周期成本管理有其特点，对系统的可靠性的部件失效和分析以及失效引起的损失的评定是必不可少的步骤。

对于新建工程来说选择最低的初投资显然并不一定是合理的，因为运行、维护、退役及设备失效引起的成本往往是初期成本的好几倍。正确的财务选择应该是综合整个设备寿命周期的费用，运用失效机理及概率分析，用净现值（*NPV*）来计算寿命周期成本，并使之最小。

因而，电力系统的全寿命周期成本（LCC）管理是在可靠性的基础上使设备或系统的全寿命拥有成本为最低的管理。在设备采购中不仅仅是考虑设备的购买价格，而更要考虑设备在整个全寿命周期内的支持成本，包括安装、运行、维修、改造、更新直至报废的全过程，其核心内容是对设备或系统的 LCC 进行分析计算，以量化值进行决策。主要应用以下计算模型：

$$LCC = CI + CO + CM + CF + CD \tag{9-4}$$

式中 *LCC*——全寿命周期成本（life cycle cost）；

CI——投入成本（investment costs）；

CO——运行成本（operation costs）；

CM——维护成本（maintenance costs）；

CF——故障成本，亦称惩罚成本（outage or failure costs）；

CD——废弃成本（disposal costs）。

LCC 一般等于基建成本、运行检修成本、故障造成的损失成本和废弃成本之和。当规划已经确定时大量的 LCC 分析计算工作发生在设计阶段，在此期间，设计单位不仅要根据既定的容量和可靠性指标设计不同组合方案，而且还要计算确定不同方案下的检修费用、运行费用和故障损失费用。设计阶段的LCC技术应用归纳为基建初投资和投运后设备检修成本的平衡、基建初投资与故障率之间的平衡、设备初投资与为了使设备在故障时便于快速诊断和快速修复而采用的额外检测仪器的平衡以及设备的选型或布置方案对占地面积的平衡，最终LCC分析演变为比较各种设计方案的LCC优化问题。

在设计阶段完成设备的布置方案和选型后，接下来在设备采购或工程招投标中实施LCC管理则是保证设计阶段所计算的LCC值得到有效控制的必备条件。在设备的采购中，不仅仅是考虑设备的购买价格，而更要考虑设备在整个寿命周期内的支持成本，包括安装、调试、运行、检修、改造、更新直至报废的全过程。大型设备的LCC计算与可靠性和可维修性的设计平衡研究必须由制造厂和招标方协调进行，与用户的LCC管理要求相对应的是，国际上各重要电力设备制造商，如ABB、Siemens等，也在开展其产品的LCC研究。

1996年IEC组织发布了LCC国际标准，此外，国际大电网会议CIGRE也在2004年提出要用全寿命周期成本来进行产品的管理，鼓励制造厂商提供产品的LCC报告，因而在设备的采购和工程的招投标中采用LCC管理是大势所趋，是用户提高设备可靠性、减少最终全成本的需要，也是制造厂提高其产品质量，社会资源优化利用的需要。具体说来，在电力系统的设备采购中，要处理好如下平衡过程：如设备的价格和设备的可靠性之间的平衡；设备的选型和设备维修方式之间的平衡；主设备的选型和以后备品备件、二次控制元件费用之间的平衡；主辅设备的不同寿命周期的平衡和采用整体式设备和为便于调换而采用模块式结构的平衡。

根据设备的浴盘曲线，大多数设备在调试投运阶段会体现出较高的故障率，而由于在此时设备尚没有正式接入系统或另行考核，用户往往对此不予重视。实际上调试时间的延长，调试人工的投入增加或者调试中造成的设备寿命消耗都会造成 LCC 的变化，因而，在设备选型时应该对制造厂提出在调试投运时成本控制的要求。

国家电网公司招投标管理中心有关领导明确要求："要在设备/材料投入运行以后重点做好产品运行质量和后续服务跟踪。加强对主要设备全寿命周期成本分析研究，在今后的招标工作中逐步引入全寿命周期成本管理理念，从而保障对产品及其制造商的评价更加客观、公正和科学。"

以 IEC 标准作为技术依据，建立主要设备的 LCC 计算模型后在电力系统招投标中引入 LCC 技术尚属首次，具有开拓性和创新性。具体应进行以下工作：

1）在招标书中引入 LCC 标准，如 IEC 60300－3－3，建立标准依据。

2）建立 LCC 计算模型，提出对设备的基本要求和多选方案建议。

在招标书中除明确设备功能规范、布置方式等技术参数外，还要求投标方提供涉及 LCC 计算的数据。主要应包括以下内容：

a）设备的设计寿命，包括主设备和二次设备的寿命周期；

b）设备的运行条件、运行方式及相应的运行寿命；

c）设备的维修方式及其成本，包括各种主要故障模式及检修策略，所需备品备件、人力资源和工场资源等；

d）可靠性分析，不同技术方案下的可用率；

e）同类型设备的故障率统计数据，最好提供浴盆曲线；

f）设备投运行前的调试和试验成本；

g）设备为满足环保要求而可能发生的费用或废弃费用，包括寿命到期时的利用价值。

3）在招标书中明确 LCC 的理论验证条件和验证方法要求，保证值数据；

4）在招标书中明确没有 LCC 相关数据或缺少相关数据的投标者将会在评标中相应扣分或有废标的风险。

设备的全寿命周期成本方法涵盖了设备全部的成本，为单个变电站寻求最佳方案提供了途径。其内容包括组成系统所需的投资成本、工程与安装成本以及用于估算全寿命周期成本的各个方面所需的运行成本。在运行成本中，一个重要的组成部分就是维修以及相关开支。为了使服役策略达到最优，所有有关的成本都要考虑。不同的维修策略，比如定期维修、纠正性维修、状态维修，或者是以可靠性为中心的维修策略，对全寿命周期成本有不同的影响。在这些因素中，具有决定性作用的参量必须得到肯定，以及对全局的影响因素必须得到确认。

所有的全寿命周期成本计算都是动态的，其计算方法是由按照货币币值变化而使用的折算现金流方法来决定。由于多元依赖关系，对具体的结构布置进行的单独计算对正确的结论来说是不可缺少的。

经过分析，设备的可靠性是决定不同的全寿命周期成本服役策略的具有核心影响力的参量之一。不同的可靠性数值不仅显示出不同技术的差别，还显示出不同供应商提供的设备性能的差别。例如，平均故障间隔时间 *MTBF* 是设备可靠性的主要数据。

（七）模糊逻辑的主要特点

使用模糊逻辑理念，对难题的解采用“如果……于是”（if-then）规则，即：

如果设备 1 的状态为 C1，设备 2 的状态为 C2，于是其结果为 E。

对于变电站的大修决策来说，其上述规则可理解为：

如果变电站建筑处于差的状态，而主要设备也处于差的状态，则对于整个变电站的更新是合理的，具体的模糊逻辑过程函数模块定义如下：

（1）模糊化（Fuzzification）。

模糊化的目的是使清晰的输入变量借助于一个叫做“成员资格”（Membership）的函数转化成为一个非清晰的函数，这意味着将现有获得的函数设定为一个定性的函数，比如，变电站的状况是一个清晰的函数（是一个从0~100之间的具体的数字，0代表非常好，而100代表非常差）。通过模糊化，这个0~100之间的输入通过会员资格这个函数变成了三个状况中的一个，即良好、中等、差。

（2）规则。

规则是用于建立输入变量和输出变量之间的关系，例如：

如果部件1处于“好”的状态，部件2处于“中等”状态，则输出为“好”；

如果部件1处于“中等”的状态，部件2处于“中等”状态，则输出为“中等”。以此类推。

输出的结果可以是一套包含部件1和部件2的设备总体情况，反映一个决策过程，即究竟是更换部分部件还是更换整套设备，而这种决策也是基于相关的实际经验。

（3）模糊逻辑的综合分析和经验处理。

在模糊逻辑的综合分析中，对于输入变量采用的是逻辑运算（主要是与门、或门以及非门运算），在此间使用的全部是与门运算，输出的结果取决于各种不同输入参数在“会员资格”这个函数中的最小分量。使用重心法来进行模糊逻辑处理，其得出的结果不可能正好是零或一百，因此要对结果进行标准化取整，譬如说标准化取整到一百。

通过上述规则约定，变电站设备评价的模糊变量转化成了各种类型的输出，用于进一步的状态评价，以达到进行决策的程度，如到底是更新全部设备或替换个别设备，“如果……于是”规则再加上与门运算，对于做出上述决策已是足够了。

对于选择变电站的维修方式而言，G 区域表示从不用采取任何措施到需替换个别部件的一个区域，P 区域表示要作从整个变电站替换到需替换个别部件这样一个区域，而 M 区域是位于 G 区和 P 区中间的重叠区域，表 9－6 显示了这种对变电站的评价关系。其中 $n=3$ 表示了有三类变电站设备参与了评价，$x=3$ 表示了有设备的三种状态，即良好、中等、差，因而最终逻辑处理的结果有 $nx=27$ 种。

表 9－6　　用于确定高压 GIS 变电站维修策略的规划

设备状况 / 序号	断路器/电流互感器	隔离开关	其他主要设备	更新措施
1	P	P	P	P
2	P	P	M	P
3	P	P	G	M
…				
7	P	G	P	P
…				
25	G	G	P	M
26	G	G	M	G
27	G	G	G	G

注：P—差，M—中等，G—良好。

1）变电站的维修和改造策略在很大程度上决定了变电站的服役成本，而该成本又在变电站的全寿命周期成本中占相当重要的份额，因而，全寿命周期成本方法能有助于优化高压变电站的维修、改造策略，见图 9－23。基于全寿命周期成本的维修改造策略能得到以下结论：

① 设备可靠性好，则维修成本可减少；

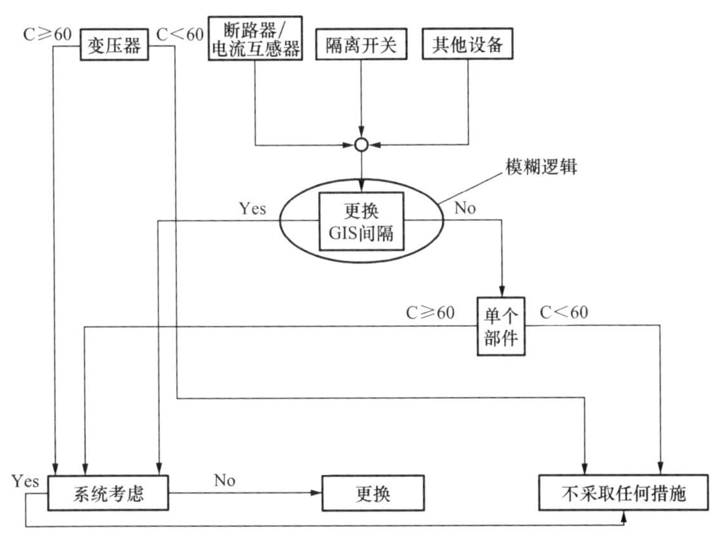

图 9－23 变电站维修决策树

② 对可靠性较差的设备或停运损失较大的设备，则要加大监视仪表投资以进行状态监测，并进行状态维修。

2）进行变电站改造决策时到底是更换某些部件还是全部更新设备，模糊逻辑方法分析两者之间复杂的对应关系，为解决上述难题提供了一种决策方法。

9.4 状态检修对于全寿命周期成本分析的意义

上一节分析了全寿命周期成本 LCC 管理的基本概念，LCC 有四个主要环节：① 规划设计；② 设备采购；③ 检修策略；④ 更新改造。检修策略是涵盖设备生命周期中最长的阶段，更多地体现为“寿命管理”，也是整个生命周期管理最为关键性的环节更准确地说，“寿命管理”的概念与确定设备的剩余寿命有关，“剩余寿命”意味着设备剩余的技术寿命。在决定设备大修、更换或延期维修时，除剩余寿命外，其他方面（如经济的、法律的、组织的、环境等方面）也起着决定性的作用。

（一）寿命经验

虽然对某一个特定设备的技术寿命是符合统计规律的。因此，一般而言，“技术寿命”的说法适用于一组设计、制造相同并且有着同样应用的设备。因为运行经验能给出最重要的信息，所以，需要系统观察并记录所有相关运行情况、缺陷、故障和其他检查。

一般来讲基于微电子技术的保护装置预期寿命大约在 10 ~ 15 年，当然，也可以很容易找到更短或更长寿命的例子。一个有良好运行和维修记录的微机保护，经过一次或多次大修后可获得 20 年的寿命，保护运行 15 年后还进行大修这种情况很少，一般是将保护更换。

（二）决定寿命结束的规则和方法

（1）剩余寿命。

微机保护的剩余寿命一方面取决于装置的基本运行状况，另一方面也取决于缺陷，这些缺陷是由于不当的设计、制造、安装、应用或维修造成的。基本运行情况包括：使用时间、上一次维修后的时间间隔、动作情况等。

通过检查、诊断测试、监测、维修或操作，可以发现缺陷。需要用运行日志和数据档案系统来区别哪些缺陷是系统性的，哪些缺陷将影响保护的剩余寿命。这个系统可以是基于计算机平台分析技术的系统，并且必须考虑特殊性和系统性两方面的故障和缺陷信息。对保护运行环境，如温度、湿度、电磁干扰、二次回路等进一步的检查，及维修期间所作的检查应记录在案。对故障、缺陷的参数和其他检测结果的统计分析都影响对保护装置的状态评估。根据故障/运行工龄曲线，可以应用 Weibull 曲线拟合法来对故障率、故障率模型和剩余寿命作出最佳评估。研究保护剩余寿命的另一种方法就是从某类保护中抽样一台，进行详尽彻底的检测以发现其使用极限。

（2）诊断技术。

监测和诊断测试技术就是监测保护装置的运行状态、故障和缺陷，给出进行状态评估所需要信息的方法。诊断技术实际上是要检查保护装置本身状况，对诊断本身而言，同一类的其他保护的数据仅作为参考值使用。但是，对剩余寿命的评估（这一类保护组成的）而言，必须对所有保护的数据以及形成相关信息的数据进行评估。

（3）寿命延长。

如果保护装置性能、可靠性、安全性和可维修性没有问题，那么适当延长保护的使用寿命可能是一个较好的选择方案。除了财务和经济方面，不能不考虑很多技术和组织方面的因素。例如：必须对原有的保护性能进行研究，以往的测试报告、老的标准和规范、变电站改、扩建的影响、老化现象的影响等，并和电力用户最新的技术条件、规范、所要求的功能进行比较。获得备用部件的成本等。

（4）财务和经济方面考虑。

从经济上评定技术选择方案就是寿命周期成本 LCC 评估技术，在保护装置寿命期内发生的所有成本组成，都应该列出和确认。计及长期成本增长和通货膨胀因素，应重新计算未来成本的价格。

通常考虑的成本因素有：① 购置成本；② 安装成本；③ 运行成本［维修成本（预防维修和故障检修）］；④ 停电的成本（由于保护原因而发生的停电）；⑤ 研究最后阶段拆除和处置的成本以及剩余物的经济价值。

最重要的因素是购置成本、安装（基本）成本和维修成本，不论新、老保护，另一个敏感因素就是设备的剩余寿命，特别是考虑到要用 12 ~ 15 年，什么时候更换旧设备或者若干年后新设备的价值。

上述的不确定性导致采用 LCC 法很大的弹性，采用蒙特卡罗法

（Monte Carlo）来评估不同方案下各类不确定因素的敏感度，其中时间、故障成本（强迫停电）、计划和故障检修以及处置都作为概率分布进行模拟。

另外，一些趋势也十分明显：① 新型保护的购买成本在降低；② 基于 IEC61850 标准的设备安装成本远远小于老技术所需要的成本（更简单的二次接线、安装和使用工序）；③ 新型保护的维修成本更低；④ 鉴于现有保护信息处理能力，大量老微机保护运用状态监测技术的成本比较高；⑤ 老型号微机保护的备用部件成本迅速增加；⑥ 知识和经验水平正在降低；⑦ 与新型保护相比，老型号的微机保护状态监测诊断配套装置的成本较高。

（三）维修支持系统

所有的维修行为都是一种平衡活动，是在由维修引起的短期风险（每次保护动作都是一次风险活动，即降低了系统的裕度，维修本身也可能带来故障）和长期风险（延迟维修会导致系统可靠性降低）之间的平衡。

为了更充分利用电网（更少的计划停电），延长电网设备的使用寿命和减少维修工作。电力系统应用了计算机化维修管理支持系统，这些系统主要用来计划安排维修工作和建立设备信息数据库。

维修计划系统用来协调工作，以缩短由于架空线、电缆、变压器、发电机故障引起的停电时间和使维修工作人员的效率最优化。通过这个计划系统的正确工作可以很好地组织专家、专用工具和材料的调度。由于大量的限制因素和它们固有的复杂性，这项工作必须要得到强大的软件支持。

目前，大部分电力公司采用固定的维修时间间隔，而不考虑保护的运行工龄和技术，维修分为部分检验、全部检验、投产检验三种，部分检验仅进行保护定值和回路检查，一般 1～2 年，全部检验项目比较完整，一般 4～6 年，投产检验主要指结合基建、更改项目进行的试验，其与其他试验的最大区别在于保护的二次回路接线的正确性需要验证。

以风险分析为基础的维修程序，如故障模式影响分析 FMEA（Failure Mode Effect Analysis），故障模式影响和严重性分析 FMECA（Fault/Failure Mode, Effects and Criticality Analysis），以及以可靠性为中心的检修 RCM 等方法目前应用很少。必须对 RCM 法作深入仔细的探索研究，对 RCM 方法的实施采用简单化以及循序渐进的方法。应用 RCM 方法进行保户维修工作的评估有利于提高变电站和输电系统的可靠性。不考虑已应用的维修管理方法，对必需的反馈而言，收集统计信息和现场经验非常重要。

（四）运行经验

不同于电力工业的其他电气设备，微机保护 20 世纪 90 年代以来经历了重大的发展，现代设备通常比过去的设备花费更少，需要的维修也更少。技术和产品发展的进步将加快缩短新产品问世的周期。

确定保护的使用寿命主要考虑：① 可靠性、安全性、可维修性的降低；② 高的运行和维修成本；③ 大修要求；④ 保护的运行年限。

要在延长设备寿命以节省资金和保证设备安全性及可靠性之间找到平衡，方法就是找到系统中最差的运行设备和技术过时的保护。在评估经济风险（计划的和非计划的停电）和基建费用时，接入系统是一个必须考虑的重要限定条件。对超高压系统的保户采用专门的在线监测仍是经济可行的。

（五）结论

对于基于故障率模型、风险管理、RCM、Monte Carlo 方法的寿命结束决策来说，可靠的统计信息是必不可少的。用户、制造厂商和其他专家间的运行经验交流，将形成一个知识基础，这个知识基础可以用来进行可靠的状态评估。

对于微机保护，大多数电力公司仍然根据他们自己的经验采用定期维修，但有采用状态检修和像 FMEA、FMECA 和 RCM 等先进的维修管理的趋势。

由于，新设备的基建成本和运行成本相对较低，只有个别情况下才会使寿命延长超过 20 年；同时，一般也不会因加装监测设备而延长保户的寿命到超过 20 年。诊断技术和监测技术的进步是巨大的，但有关参数和应用规则的知识仍十分有限。

LCC 中所提出的设备综合管理理念，为建立设备寿命管理的经济性评价指标提供了依据。不同的维修策略，比如定期维修、纠正性维修、状态维修，或者是以可靠性为中心的维修策略，对全寿命周期成本有不同的影响。设备全寿命周期成本 LCC 管理是在可靠性的基础上使设备或系统的全寿命拥有成本为最低的管理，状态检修可以大大减少设备运行、检修维护的成本。常规检修策略相对于状态检修，调试时间的延长，调试人工的投入增加，同时，如第四章所述，实际上常规调试会进行大量的保护动作返回试验，客观上会增加设备的寿命消耗，最终造成 LCC 指标的劣化。

因此，以全寿命管理的指标指导状态检修，将能更有效地从维护成本的有效降低实现对于状态检修的价值分析。使得状态检修的实施具备设备生命周期管理的经济价值评估意义，建立系统性的评估指标，这将有利于推进状态检修技术的实际应用。

9.5 小结

本章阐述了数字化变电站的基本特征，对于变电站二次系统的影响，介绍了基于 IEC61850 标准的信息传输机制 GOOSE 的基本特点，解析了数字化变电站实现技术 IED 的功能实现组成，及其与常规 IED 的主要差异，分析了数字化变电站保护状态检修的实现方式。同时，引入了全寿命周期成本的概念，分析了状态检修策略对于全生命周期成本管理实现的意义。

参 考 文 献

1. 黄雅罗，黄树红主编．《发电设备状态检修》．北京：中国电力出版社，2000.
2. 王海．《水轮发电机组状态检修技术》．北京：中国电力出版社，2004.
3. 黄盛洁等．《电气设备绝缘在线监测和状态维修》．北京：中国水利水电出版社，2004.
4. 陈三运，谭洪恩，江志刚．《输变电设备的状态检修》．北京：中国电力出版社，2004.
5. 高翔．《数字化变电站应用技术》．北京：中国电力出版社，2008.
6. 高翔，刘韶俊．《继电保护状态检修及实施探讨》．继电器，2007 年 11 月．
7. 贺家李，郭征，杨晓军等．《继电保护的可靠性与动态性能仿真》．电网技术，2004 年 5 月．
8. 郑圣，赵舫．《故障信息处理系统中继电保护装置的可靠性研究》．继电器，2005 年 6 月．
9. 李永丽，李致中，杨维．《继电保护装置可靠性及其最佳检修周期的研究》．中国电机工程学报，2001 年 6 月．
10. 徐蓉．《基于自动化技术的电气二次设备状态检修》．陕西理工学院学报，2005 年 9 月．
11. 周俊，马永才等．《微机型继电保护设备运行分析及状态检修的探讨》．浙江电力，2005 年第 5 期．
12. 陈德树．《继电保护运行状况评价方法的探讨》．湖北电力，2000 年 3 月．
13. 王树春．《双重化继电保护系统可靠性分析的数学模型》．继电器，2005 年 9 月．
14. 李艳，李晓华，张胜宝．《以可靠性为中心的状态检修在高压输电网运行中的应用》．工程论坛，中国科技信息 2005 年第 21 期．
15. 曾克娥．《电力系统继电保护装置运行可靠性指标探讨》．电网技术，2004 年 7 月．
16. 吴杰余，张哲，尹项根等．《电气二次设备状态检修研究》．继电器，2002 年 2 月．
17. 陈绍光．《电力系统二次设备状态检修探讨》．云南水力发电，2005.
18. 孙宝钦．《电力设备状态检修策略及其实际应用》．吉林化工学院学报，2007 年 2 月．

19. 高翔，周健，周红等.《基于IEC61850标准GOOSE在南桥监控系统应用实现》. 电力系统自动化，第30卷第16期，2006年8月.
20. 滕乐天，李力.《以LCC理念进行可靠性管理的探讨与实践》. 上海电力，2005年1月.
21. 张怡，滕乐天，凌平.《浅析LCC管理在上海电力系统的应用》. 上海电力，2004.
22. A P Apostolov, S Richards.《Event Driven Maintenance Based On Protective Relays Data》. ALSTOM T&D
23. A. G. Phadkel and J. S. Thorpz.《Expose Hidden Failures to Prevent Cascading Outages》. IEEE Computer Applications in Power
24. 《Maintenance Criteria for Bulk Power System Protection》, NPCC Document A－4
25. Richard K. Hunt.《Hidden Failure in Protective Relays: Supervision and Control》